영재학급, 영재교육원, 경시대회 준비를 위한

창의사고력 초등 수학

팩토

Lv.5

응용 A

개념과 원리의 탄탄한 이해를
바탕으로 한 사고력만이
진짜 실력입니다.

이 책의
구성과 특징

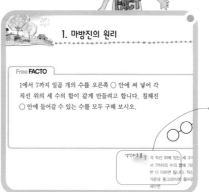

Free FACTO

창의사고력 수학 각 테마별 대표적인 주
제 6개가 소개됩니다.

생각의 흐름을 따라 해 보세요!
해결의 실마리가 보입니다.

Lecture

창의사고력 문제를 해결하는데 필요한
개념과 원리가 소개됩니다.

역사적인 배경, 수학자들의 재미있는 이
야기로 수학에 대한 흥미가 송송!

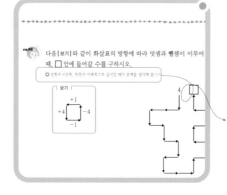

Active FACTO

자! 그럼 예제를 풀어볼까?

자유롭게 자신감을 가지고 앞에서 살펴
본 유형의 문제를 해결해 봅시다.

힘을내요! 힘을 실어주는 화살표가 있어
요.

Creative FACTO

세 가지 테마가 끝날 때마다 응용 문제를 통한 한 단계 Upgrade!

탄탄한 기본기로 창의력을 발휘해 보세요.

Key Point

해결의 실마리가 숨어 있어요.

Thinking FACTO

각 영역별 6개 주제를 모두 공부했다면 도전하세요!

창의적인 생각이 논리적인 문제해결 능력으로 완성됩니다.

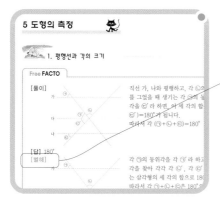

바른 답 · 바른 풀이

바른 답 · 바른 풀이와 함께

다른 풀이. 다양한 생각도 있습니다.

이 책의 차례

서로 다른 펜토미노 조각 퍼즐을 맞추어 직사각형 모양을 만들어 본 경험이 있는지요?

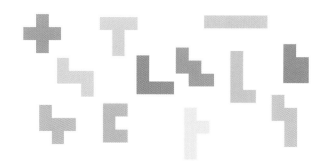

한참을 고민하여 스스로 완성한 후 느끼는 행복은 꼭 말로 표현하지 않아도 알겠지요. 퍼즐 놀이를 했을 뿐인데, 여러분은 펜토미노 12조각을 어느 사이에 모두 외워버리게 된답니다. 또 보도블럭을 보면서 조각 맞추기를 하고, 화장실 바닥과 벽면의 조각들을 보면서 멋진 퍼즐을 스스로 만들기도 한답니다.

이 과정에서 공간에 대한 감각과 또 다른 퍼즐 문제, 도형 맞추기, 도형나누기에 대한 자신감도 생기게 되지요. 완성했다는 행복감보다 더 큰 자신감과 수학에 대한 흥미가 생기게 되는 것입니다.

팩토가 만드는 창의사고력 수학은 바로 이런 것입니다.

수학 문제를 한 문제 풀었을 뿐인데, 그 결과는 기대 이상으로 여러분을 행복하게 해줍니다. 학교에서도 친구들과 다른 멋진 방법으로 문제를 해결할 수 있고, 중학생이 되어서는 더 큰 꿈을 이루는 밑거름이 되어 줄 것입니다.

물론 고민하고, 시행착오를 반복하는 것은 퍼즐을 맞추는 것과 같이 여러분들의 몫입니다. 팩토는 여러분에게 생각할 수 있는 기회를 주고, 그 과정에서 포기하지 않도록 여러분들을 도와주는 친구일 뿐입니다. 자 그럼 시작해 볼까요? 팩토와 함께 초등학교에서 배우는 기본을 바탕으로 창의사고력 10개 테마의 180주제를 모두 여러분의 것으로 만들어 보세요.

I 연산감각

I LOVE FACTO ~

1. 여러 가지 곱셈 방법

Free FACTO

오른쪽은 고대 이집트에서 사용했던 곱셈 방법으로 51×24를 계산한 것입니다. 같은 방법으로 다음을 계산하시오.

$$42 \times 13$$

$$51 \times 24 = 1224$$

51	1
102	2
204	4
408	8 ∨
816	16 ∨
1224	8+16=24

└ 408+816=1224

생각의 흐름 **1**

42 × 13	
42	1
84	2
168	4
336	8

2 1, 2, 4, 8 중에서 더해서 13이 되는 수를 찾아 표시한 다음, 표시한 행에 있는 왼쪽 수를 더합니다.

 고대 이집트에서 사용했던 곱셈 방식으로 다음을 계산하시오.

▶ 32 × 23

32	1
64	2
128	4
256	8
512	16

$$32 \times 23$$

|보기|에서 규칙을 찾아, 다음을 계산하시오.

○ 곱하는 수의 일의 자리와 곱의 끝의 두 자리는 항상 같습니다.

$$9993 \times 9997$$

보기

$$3 \times 7 = 21$$
$$13 \times 17 = 221$$
$$23 \times 27 = 621$$
$$33 \times 37 = 1221$$
$$43 \times 47 = 2021$$
$$\vdots$$
$$993 \times 997 = 990021$$

LECTURE 고대 이집트 곱셈 방법

요즘에는 초등학생만 되어도 구구단과 곱셈을 능숙하게 할 수 있지만 옛날에는 일반 사람들은 구구단조차 알 수 없었고, 귀족이나 관료들만 곱셈을 할 수 있었다고 합니다. 그리고 곱셈하는 방법도 나라와 시대에 따라서 달랐다고 합니다. 다음은 고대 이집트 사람들이 곱셈을 한 방식인데 이진법의 원리가 숨어 있습니다.

28×19를 계산하여 보면

28 × 19	
28	1
56	2
112	4
224	8
448	16
⋮	⋮

28 × ⑲		
28	1	∨
56	2	∨
112	4	
224	8	
448	16	∨
	1+2+16=⑲	

28 × 19 = ㉝㉜		
28	1	∨
56	2	∨
112	4	
224	8	
448	16	∨
28+56+448=㉝㉜		

왼쪽에 28부터 시작하여 2배씩 써 나가고, 오른쪽에 1부터 시작하여 2배씩 써 나갑니다.

오른쪽의 수 중에서 더하여 19가 되는 수를 모두 찾아 표시합니다.

표시된 행의 왼쪽 수를 더하면 곱셈의 결과가 됩니다.

2. 나올 수 없는 합

오른쪽과 같이 수를 나열한 다음, 직사각형 안의 6개
수의 합을 구하면, 12+13+14+20+21+22=102입
니다. 다음 중에서 같은 방법으로 6개 수의 합을 구했
을 때 나올 수 없는 합은 어느 것입니까?

1	2	3	4	5	6	7	8
9	10	11	12	13	14	15	16
17	18	19	20	21	22	23	24
25	26	27	28	29	30	31	32
33	34	35	36	37	38	39	40

:

① 90　　　　② 150　　　　③ 195

④ 294　　　　⑤ 342

생각의 흐름
1 6개 수의 합은 항상 어떤 수의 배수가 되는지 알
아봅니다.

2 배수판정법으로 **1**에서 찾은 배수가 아닌 것을 찾
습니다.

LECTURE 수 배열표에서 수의 합

직사각형 안의 여섯 수의 합은 1+2+3+9+10+11=36입니다. 직사각형을 오
른쪽으로 한 칸 움직였을 때 여섯 수의 합은 옮기기 전의 수보다 모두 1씩 증가
하므로 36+6=42가 됩니다. 이런 식으로 생각하면 여섯 수의 합은 36에서 시
작하여 항상 6씩 증가합니다.

1	2	3	4	5	6	7	8
9	10	11	12	13	14	15	16
17	18	19	20	21	22	23	24
25	26	27	28	29	30	31	32
33	34	35	36	37	38	39	40

:

한편 아래로 한 칸 내려올 때는 모두 8씩 증가하므로 36+(8×6)=84가 됩니
다. 따라서 6개 수의 합은 다음과 같습니다.

```
            +6    +6    +6    +6    +6
         36 → 42 → 48 → 54 → 60 → 66
      +48 ⌐
         84   90   96  102  108  114
      +48 ⌐
        132  138  144  150  156  162
      +48 ⌐
        180  186  192  198  204  210
                    :
```

다음과 같이 수를 배열하였을 때, 칠해진 세 칸의 수를 더하면 33이 됩니다. 같은 모양 (↘방향)으로 놓인 세 수의 합이 될 수 없는 것은 어느 것입니까?

◐ 칠해진 칸이 15, 24, 33이 될 수 없음에 주의합니다.

1	2	3	4	5	6	7	8
9	10	11	12	13	14	15	16
17	18	19	20	21	22	23	24
25	26	27	28	29	30	31	32
⋮	⋮	⋮	⋮	⋮	⋮	⋮	⋮

① 108   ② 144   ③ 207   ④ 234   ⑤ 285

 다음과 같이 수를 배열하였습니다. 4개의 모퉁이에 있는 네 수의 합이 314라면, 네 수 중 가장 큰 수는 얼마입니까?

◐ ㉠, ㉡ 중 작은 수를 □라 하면 큰 수는 □+12입니다.

$$1 \cdots\cdots 13$$
$$\vdots \qquad \vdots$$
$$㉠ \cdots\cdots ㉡$$

1	2	3	4	5	6	7	8	9	10	11	12	13
26	25	24	23	22	21	20	19	18	17	16	15	14
27	28	29	30	31	32	33	34	35	36	37	38	39
52	51	50	49	48	47	46	45	44	43	42	41	40
53	54	55	56	57	58	59	60	61	62	63	64	65

⋮

3. 숫자 카드로 만든 수의 합

Free FACTO

다음 숫자 카드를 한 번씩 써서 만들 수 있는 세 자리 수를 모두 더하면 얼마입니까?

| 1 | 2 | 3 | 4 |

생각의흐름 **1** 숫자 카드를 이용하여 만들 수 있는 세 자리 수를
모두 구합니다.

2 각 자리 수별로 숫자의 개수를 생각하여 간단하게
계산을 합니다.

 다음 숫자 카드를 이용하여 세 자리의 짝수를 만들려고 합니다. 같은 수를 여러 번 쓸
수 있다고 할 때, 만들 수 있는 짝수들을 모두 더하면 얼마입니까?

| 0 | 1 | 2 | 3 |

예제 02 1, 2, 3, 4를 한 번씩 써서 만들 수 있는 네 자리 수를 모두 더하면 얼마입니까?

◑ 숫자들이 천, 백, 십, 일의 자리에서 몇 번씩 쓰였는지 찾아봅니다.

LECTURE 숫자 카드로 만든 수의 합

1, 2, 3, 4 중에서 세 개를 골라 만들 수 있는 세 자리 수를 모두 구해 보면 다음과 같이 24개입니다.

123	213	312	412
124	214	314	413
132	231	321	421
134	234	324	423
142	241	341	431
143	243	342	432

이 24개의 수를 그냥 더하는 것은 그리 쉬운 계산이 아닙니다. 그런데 위의 수를 잘 살펴보면 백의 자리에 1, 2, 3, 4가 각각 6개씩 있고, 십의 자리에도 1, 2, 3, 4가 각각 6개씩, 일의 자리에도 1, 2, 3, 4가 각각 6개씩 있습니다.

이것을 이용하여 각 자리 수별로 따로 덧셈을 합니다.

백의 자리부터 덧셈을 하면 백의 자리에 1, 2, 3, 4가 각각 6개씩 있고, 각 숫자는 백의 자리 숫자이므로 $(1+2+3+4)\times6\times100=6000$이 됩니다. 같은 방법으로 십의 자리 계산을 하면 600, 일의 자리 계산을 하면 60이 되므로 24개 수의 합은 $6000+600+60=6660$이 되는 것입니다.

Creative 팩토

 옛날 어느 나라에서는 다음과 같은 표를 이용하여 곱셈을 하였다고 합니다.
47×68을 계산하여 보면

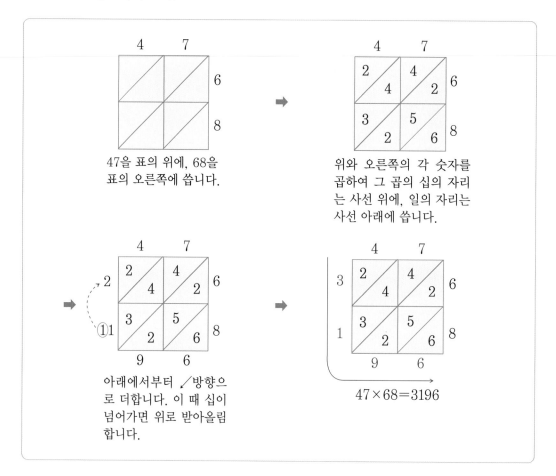

47을 표의 위에, 68을 표의 오른쪽에 씁니다.

위와 오른쪽의 각 숫자를 곱하여 그 곱의 십의 자리는 사선 위에, 일의 자리는 사선 아래에 씁니다.

아래에서부터 ↙방향으로 더합니다. 이 때 십이 넘어가면 위로 받아올림 합니다.

47×68=3196

위와 같은 방법으로 다음을 계산하여 보시오.

(1) 54×29

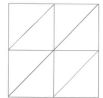

(2) 76×38

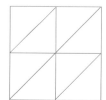

규칙을 찾아 □ 안에 알맞은 수를 써 넣으시오.

$$1 \times 1 = 1$$
$$11 \times 11 = 121$$
$$111 \times 111 = 12321$$
$$1111 \times 1111 = 1234321$$
$$\vdots$$
$$1111111 \times 1111111 = \boxed{}$$

 20개의 수가 있습니다. 첫째 번 수는 11이고, 그 다음의 각 수는 모두 앞의 수보다 2가 큽니다. 이 20개의 수를 모두 더하면 얼마입니까?

KeyPoint ····················
11, 13, 15, … 의 20개의 수의 합을 구합니다.

4 다음 수 배열표에서 십자 모양으로 5개의 수를 묶어서 합을 구하려고 합니다. 다음 중 5개의 수의 합이 될 수 없는 것은 어느 것입니까?

1	2	3	4	5	6	7	8
9	10	11	12	13	14	15	16
17	18	19	20	21	22	23	24
25	26	27	28	29	30	31	32
33	34	35	36	37	38	39	40

① 50   ② 75   ③ 110   ④ 120   ⑤ 155

5 0이 아닌 한 자리의 수가 적혀 있는 숫자 카드가 3장 있습니다. 이 3장의 숫자 카드를 모두 사용하여 만들 수 있는 세 자리 수를 모두 더하니 2664가 되었습니다. 이 세 장의 숫자 카드에 적혀 있는 수의 합을 구하시오.

숫자 카드 $\boxed{1}$, $\boxed{2}$, $\boxed{3}$, $\boxed{4}$ 가 각각 한 장씩 있습니다. 이 중 세 장의 카드를 사용하여 만들 수 있는 세 자리 수 중 3의 배수의 합을 구하시오.

Key Point

세 자리의 수가 3의 배수가 되려면 각 자리 숫자의 합이 3의 배수가 되어야 합니다.

 규칙을 찾아 $\square$ 안에 알맞은 수를 써 넣으시오.

$$3 \times 9 = 27$$
$$3 \times 99 = 297$$
$$3 \times 999 = 2997$$
$$3 \times 9999 = 29997$$
$$\vdots$$
$$3 \times 99999999 = \boxed{}$$

Key Point

9의 개수에서 규칙을 찾습니다.

4. 곱과 몫, 나머지의 최대·최소

Free FACTO

다음의 숫자 카드를 한 번씩만 써서 (세 자리 수)×(한 자리 수) 또는 (두 자리 수)×(두 자리 수)의 곱셈식을 만들 때, 계산 결과가 가장 클 때의 값과 가장 작을 때의 값을 각각 구하시오.

| 2 | 3 | 4 | 5 |

생각의흐름 1 곱이 가장 크려면 큰 자리에 큰 숫자가 와야 하고, 큰 자리에 곱해지는 수가 큰 수가 되어야 합니다.

2 가장 작을 때의 값은 가장 클 때와 반대로 생각하여 구합니다.

LECTURE 곱과 몫의 최대·최소

1, 2, 3, 4 네 개의 숫자로 (두 자리 수)×(두 자리 수)의 곱셈식을 만들 때, 곱이 가장 크게 될 때의 값을 구하면 두 수의 십의 자리에 3 또는 4가 와야 합니다. 일의 자리에 1과 2를 놓는 경우는 두 가지인데, 2를 4와 곱하도록 놓아야 곱이 가장 크게 됩니다. 곱이 가장 작게 될 때는 반대로 생각하면 됩니다.

```
  4 2        4 1
× 3 1      × 3 2
―――――      ―――――
1 3 0 2    1 3 1 2
```

1, 2, 3, 4 네 개의 숫자로 (세 자리 수)÷(한 자리 수)의 나눗셈식을 만들 때, 몫이 가장 크려면 나누어지는 수를 가장 크게 하고, 나누는 수를 가장 작게 만들면 됩니다.
몫이 가장 작으려면 크게 될 때와 반대로 생각하면 됩니다.

다음 숫자 카드를 한 번씩만 사용하여 몫이 가장 작게 (세 자리 수)÷(두 자리 수)의 나눗셈식을 만들 때, 그 몫과 나머지는 얼마입니까?

| 3 | 4 | 5 | 6 | 7 |

 5 , 6 , 8 3장의 숫자 카드 중에서 2장을 골라 두 자리 수를 만들고, 그 수를 남은 카드의 수로 나누었더니 몫이 13이고, 나머지가 3이 되었습니다.

$$68 \div 5 = 13 \cdots 3$$

이와 같은 방법으로 5 , 6 , 8 3장의 숫자 카드로 나눗셈식을 만들었을 때, 나머지가 가장 클 때의 나머지를 구하시오.

○ 3장의 카드로 만들 수 있는 나눗셈식을 모두 만들어 봅니다.

5. 포포즈

Free FACTO

다음 |보기|와 같이 1, 2, 3, 4 네 개의 숫자와 ＋, －, ×, ÷, ( )를 사용하여 1에서 8까지의 수를 만들어 보시오.

> 보기
>
> $(2-1) \times (4-3) = 1$ $12 \div 4 \div 3 = 1$

생각의 흐름 1 1과 2로 만들 수 있는 수는 2−1=1, 2×1=2, 1+2=3, 12, 21 다섯 개입니다.

2 3과 4로 만들 수 있는 수를 구해 봅니다.

3 1, 2에서 만든 수를 이용하면 빨리 여러 가지 수를 만들 수 있습니다.

LECTURE 포포즈(four fours)

4를 네 번 사용하고, 알고 있는 수학 기호를 이용하여 여러 가지 수를 만드는 것을 포포즈라고 합니다. 학년이 올라갈수록 여러 가지 수학 기호를 배우게 되면 보다 많은 수를 만들 수 있지만 현재 알고 있는 ＋, －, ×, ÷, ( )를 이용하여 1에서 10까지의 수를 만들어 보면 다음과 같습니다.
하나의 수를 만드는 데에도 다음 방법 외에 여러 가지가 있습니다.

$(4 \div 4) \div (4 \div 4) = 1$ $(4 \times 4 + 4) \div 4 = 5$ $(4 + 4) + (4 \div 4) = 9$

$(4 \div 4) + (4 \div 4) = 2$ $(4 + 4) \div 4 + 4 = 6$ $(44 - 4) \div 4 = 10$

$(4 + 4 + 4) \div 4 = 3$ $44 \div 4 - 4 = 7$

$(4 - 4) \times 4 + 4 = 4$ $4 \times 4 - 4 - 4 = 8$

각자 1에서 10까지의 수 이외에도 더 많은 수를 만들어 보세요.

다음은 여러 가지 방법으로 숫자 6 네 개와 +, −, ×, ÷, ( )를 사용하여 계산 결과가 1이 되게 만든 것입니다.

$$(6 \div 6) + (6 - 6) = 1 \qquad (6 + 6) \div (6 + 6) = 1 \qquad 66 \div 66 = 1$$

같은 방법으로 계산 결과가 2에서 8까지 나오도록 식을 만들어 보시오.

6　6　6　6=2　　　6　6　6　6=6

6　6　6　6=3　　　6　6　6　6=7

6　6　6　6=4　　　6　6　6　6=8

6　6　6　6=5

 네 개의 숫자 4, 5, 6, 7과 +, −, ×, ÷, ( )를 사용하여 24를 두 가지 방법으로 만들어 보시오.

◯ 식을 하나 만들어 보고 결과가 24보다 큰지 작은지를 확인하여 식을 변형해 갑니다.

6.복면산과 벌레먹은셈

Free FACTO

다음 식에서 같은 문자는 같은 숫자를 나타내며, 다른 문자는 다른 숫자를 나타냅니다. □ 안에 알맞은 숫자를 써 넣고, 각 문자가 나타내는 숫자를 구하시오.

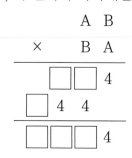

생각의흐름 1 다음 칠해진 부분을 보면 B×B의 일의 자리 숫자는 4입니다. B가 될 수 있는 수를 모두 구합니다.

2 1에서 구한 각 경우를 가정하여 계산하여 보고, 식이 성립하는 경우를 찾습니다.

LECTURE 복면산

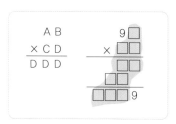

왼쪽 식은 식이 복면 (마스크)을 쓴 것 같다고 해서 복면산이라 하고, 오른쪽 식은 벌레 먹은 모습과 같다고 해서 벌레먹은셈이라 합니다.
① 복면산에서 다른 모양은 다른 숫자를 나타내고,
② 벌레먹은셈에서 □ 한 칸에는 하나의 숫자만 들어갑니다.
③ 복면산과 벌레먹은셈 모두 가장 큰 자리에는 0이 들어갈 수 없습니다.
주어진 수나 조건을 이용하여 알 수 있는 수를 구한 후, 가능한 수를 가정하여 확인하는 방법을 써서 풉니다.

다음 식에서 같은 문자는 같은 숫자, 다른 문자는 다른 숫자를 나타냅니다. 각 문자는 0이 아니라고 할 때, 각 문자가 나타내는 숫자를 각각 구하시오.

⊙ A+B+C의 일의 자리가 C이므로 A+B=10 입니다.

$$
\begin{array}{r}
A\,A\,A \\
B\,B\,B \\
+\ \ C\,C\,C \\
\hline
B\,A\,A\,C
\end{array}
$$

 다음 곱셈식에 맞게 □ 안에 알맞은 숫자를 써 넣으시오.

⊙ 20×8=160이므로 216에서 160을 빼면 가장 위에 있는 □를 채울 수 있습니다.

$$
\begin{array}{r}
2\ \square \\
\times\ \ \square\ 8 \\
\hline
2\ 1\ 6 \\
2\ 1\ \square \\
\hline
\square\ \square\ \square\ \square
\end{array}
$$

 다음 숫자 카드를 한 번씩만 사용하여 (두 자리 수)×(두 자리 수)를 만들었습니다.
곱이 가장 클 때와 가장 작을 때의 값을 각각 구하시오.

3 1 4 2

KeyPoint ··o
두 수의 십의 자리에 3 또는 4가
올 때 곱이 가장 크고, 1 또는 2가
올 때 곱이 가장 작습니다.

 다음은 숫자 3 네 개와 +, −, ×, ÷, ( )를 사용하여 계산 결과가 1, 2, 3, 4, 5
가 되게 만든 것입니다.

$(3+3) \div (3+3) = 1$ $3 \div 3 + 3 \div 3 = 2$

$(3+3+3) \div 3 = 3$ $(3 \times 3 + 3) \div 3 = 4$

$(3+3) \div 3 + 3 = 5$

같은 방법으로 계산 결과가 6, 7, 8, 9, 10이 나오도록 식을 만들어 보시오.

3 3 3 3 =6   3 3 3 3 =9

3 3 3 3 =7   3 3 3 3 =10

3 3 3 3 =8

다음 □ 안에 들어갈 숫자의 합은 얼마입니까?

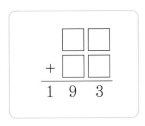

Key Point .... ○
십의 자리에 있는 숫자 2개는 더해
서 18이 되어야 합니다.

 2 , 6 , 8 3장의 숫자 카드를 한 번씩만 넣어 나머지가 가장 큰 나눗셈식이 되
도록 □ 안에 알맞은 숫자를 써 넣으시오. 이 때, 나머지는 얼마입니까?

Key Point .... ○
나머지는 항상 나누는 수보다는 작
습니다. 2로 나누면 나머지는 1 또
는 0 밖에 될 수 없습니다.

네 개의 4와 +, −, ×, ÷, ( )를 사용하여 1부터 4까지의 수를 만들어 보시오.

 다음 식에서 같은 문자는 같은 숫자를 나타내며, 다른 문자는 다른 숫자를 나타냅니다. 각 문자가 나타내는 숫자를 구하시오.

$$
\begin{array}{r}
A\,B\,C\,D \\
\times \qquad 9 \\
\hline
D\,C\,B\,A
\end{array}
$$

Key Point ···········○

네 자리 수에 9를 곱하여 네 자리
수가 되었습니다. 따라서 A와 D를
먼저 구할 수 있습니다.

다음 3장의 숫자 카드 중에서 2장을 골라 두 자리 수를 만든 다음, 남은 숫자 카드의 수로 나눌 때, 몫이 가장 크게 될 때의 나머지는 얼마입니까?

$$\boxed{3} \quad \boxed{4} \quad \boxed{7}$$

 $\boxed{1}$, $\boxed{2}$, $\boxed{3}$ 3장의 숫자 카드와 $+, \times, (\ )$ 를 사용하여 |**보기**|와 같은 식을 만들어 계산할 때, 모두 몇 가지 다른 계산 결과가 나올 수 있습니까?

단, |**보기**|의 경우도 포함해서 생각해야 하고, 숫자 카드를 붙여서 두 자리 수 또는 세 자리 수를 만들 수 없습니다.

> **보기**
>
> $(1+2) \times 3 = 9$ (○) $3 \times 1 + 2 = 5$ (○)
>
> $12 \times 3 = 36$ (×) 123 (×)

Key**Point** ···○

□＋□＋□, □×□×□, □×□＋□, (□＋□)×□에 숫자 카드를 넣어 계산해 봅니다.

다음 식에서 같은 문자는 같은 숫자를 나타내며, 다른 문자는 다른 숫자를 나타냅니다. 각 문자가 나타내는 숫자를 구하시오.

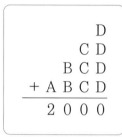

$$\begin{array}{r} D \\ C\,D \\ B\,C\,D \\ +\,A\,B\,C\,D \\ \hline 2\,0\,0\,0 \end{array}$$

$7\times9=63$, $77\times99=7623$, $777\times999=776223$입니다. 다음을 계산하시오.

$$777777\times999999$$

1, 2, 3, 4, 5 5장의 숫자 카드가 있습니다. 이 중에서 3장의 숫자 카드를 골라 만들 수 있는 9의 배수인 세 자리 수를 모두 더하려고 합니다. 물음에 답하시오.

(1) 9의 배수인 세 자리 수를 만들기 위해 뽑을 수 있는 3장의 숫자 카드는 무엇입니까? 모두 구하시오.

(2) (1)에서 구한 숫자로 만들 수 있는 9의 배수인 3자리 수를 모두 구하시오.

(3) (2)에서 구한 수를 모두 더하여 합을 구하시오.

 다음 ☐ 안에 알맞은 숫자를 넣어 식이 성립되게 만들어 보시오.

```
          7 ☐
      ×   8 ☐
      ─────────
        ☐ 5 ☐
      ☐ ☐ 6
      ─────────
    ☐ ☐ ☐ ☐
```

숫자 카드 $\boxed{1}$, $\boxed{2}$, $\boxed{3}$ 이 각각 한 장씩 있습니다. 세 장의 카드를 모두 사용하여 만들 수 있는 세 자리 수 중 홀수의 합은 얼마입니까?

 다섯 개의 3과 $+$, $-$, $\times$, $\div$, ( )를 사용하여 1에서 10까지의 수를 만들어 보시오.

다음과 같이 수를 나열한 다음, 칠해진 가로 3개의 수의 합을 구하면

$$7+10+15=32$$

입니다. 다음 물음에 답하시오.

1	8	9	16	17	24	25	⋯
2	7	10	15	18	23	26	⋯
3	6	11	14	19	22	27	⋯
4	5	12	13	20	21	28	⋯

(1) 가로로 3개의 수를 합하여 다음 표를 완성하시오.

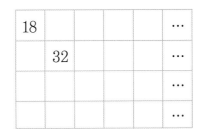

18				⋯
	32			⋯
				⋯
				⋯

(2) 위에서 완성한 표에서 규칙을 찾아 설명하시오.

(3) 다음 중에서 가로 3개의 수의 합이 될 수 없는 수는 무엇입니까?

① 89   ② 90   ③ 91   ④ 92   ⑤ 93

Memo

 **퍼즐과 게임**

I LOVE FACTO ~ ♥

1. 스도쿠

Free **FACTO**

조건에 맞게 작은 정사각형 안에 숫자 1, 2, 3, 4, 5를 써 넣으시오.

- 가로, 세로 방향으로 1, 2, 3, 4, 5가 한 번씩 들어가야 합니다.
- 서로 다른 펜토미노 5조각 안에 각각 1, 2, 3, 4, 5가 한 번씩 들어가야 합니다.

2				
	5	3		2
5				4
1		4		3

생각의흐름 **1** 가로, 세로에 같은 숫자가 함께 나오지 않도록 ㄱ에 들어갈 숫자를 먼저 구하고, ㄴ에 들어갈 숫자를 구합니다.

1	ㄱ	4	ㄴ	3

2 ㅁ, ㄹ, ㄷ에 들어갈 숫자를 차례로 구합니다.

조건에 맞게 작은 정사각형 안에 숫자 1, 2, 3, 4를 써 넣으시오.

- 가로, 세로로 놓인 네 칸에 모두 1, 2, 3, 4가 한 번씩 들어가야 합니다.
- 작은 정사각형 네 개로 이루어진 굵게 칠해진 정사각형 안에 1, 2, 3, 4가 한 번씩 들어가야 합니다.

3		4	
4			
	4	1	
			4

LECTURE 스도쿠

스도쿠는 가로, 세로 9칸씩 총 81칸으로 이루어진 정사각형 안에 1에서 9까지의 숫자를

① 가로, 세로로 겹치지 않게

② 가로, 세로 3줄씩 이루어진 9칸의 작은 정사각형에도 한 번씩만 들어가도록 배치하는 게임입니다.

스도쿠는 '숫자들이 겹치지 말아야 한다' 는 뜻의 일본어인데 18세기 스위스의 수학자 레온하르트 오일러의 '라틴 사각형' 에서 유래되었다고 합니다.

스도쿠는 게임 규칙도 간단하고, 누구나 쉽게 도전할 수 있지만 풀기가 만만치 않은 지능형 게임으로 현재 전세계적으로 큰 인기를 모으고 있습니다.

다른 퍼즐과 마찬가지로 문제를 해결하기 위한 멋진 해법이 있는 것이 아니라, 주어진 조건들을 적절히 이용하고, 여러 번의 시행착오와 직관력으로 문제를 해결해야 합니다.

다음 스도쿠 문제를 풀어 보세요.

> 스도쿠는 숫자들이 겹치지 않게 배치하는 퍼즐이지! 주어진 퍼즐에서 같은 숫자가 많이 나온 것, 많은 숫자가 주어진 줄을 먼저 살펴보아야 돼!

	1				7	9	3	4
	4	9		2				5
	8	3					1	
9			3	8	1	5	4	
8			9		6			1
	6	4	7	5				
	9				5	2	8	
	5			1			6	7
	7	6	4					

1에서 7까지 일곱 개의 수를 오른쪽 ◯ 안에 써 넣어 각
직선 위의 세 수의 합이 같게 만들려고 합니다. 칠해진
◯ 안에 들어갈 수 있는 수를 모두 구해 보시오.

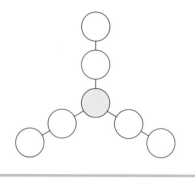

생각의 흐름

1 각 직선 위에 있는 세 수의 합을 모두 더하면 1에
서 7까지의 수의 합에 가운데 동그라미의 수를 두
번 더 더하면 됩니다. 직선 위에 세 수의 합을 □,
가운데 동그라미에 들어갈 수를 ◯라 하여 식을
세우면

$3 \times \square = (1+2+3+4+5+6+7) + \bigcirc \times 2$

2 가운데 ◯에 들어갈 수를 1부터 7까지 넣어 보면

◯=1일 때, $3 \times \square = 28+2$, $\square = 10$

◯=2일 때, $3 \times \square = 32$, $\square = \dfrac{32}{3}$
⋮

그런데 □는 세 수의 합이므로 $\dfrac{32}{3}$ 가 될 수 없
습니다. 따라서 ◯=2가 될 수 없습니다.

3 가운데 동그라미에 들어갈 수를 구하고, 나머지
수를 넣어 세 수의 합이 같게 만들어 봅니다.

 예제 01

5에서 9까지의 수를 다음 빈 칸에 넣어 가로, 세로 방향으로 세 수의 합이 모두 같게
만들 때, 칠해진 가운데 칸에 들어갈 수 있는 수를 모두 더하면 얼마입니까?

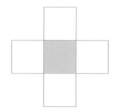

LECTURE 마방진의 원리

1에서 9까지의 수를 다음 칸에 써 넣어 가로, 세로, 대각선 방향으로 놓인 세 수의 합이 같도록 만들어 봅시다.
1에서 9까지의 수의 합은 45이므로 한 방향으로 놓인 세 수의 합은 45÷3=15가 됩니다.

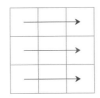

그런데 위의 오른쪽 그림에서 가운데 칸에 들어갈 수를 포함한 세 수의 쌍은 4묶음이 있으므로 4묶음의 합은

$$15 \times 4 = 60$$

그런데 4묶음의 수의 합은 가운데 수를 제외한 8개 칸의 수는 1번씩 들어가고, 가운데 칸의 수는 4번 들어갑니다.
즉, 1부터 9까지의 수가 1번씩 들어가고 가운데 수는 3번 더 들어갑니다.
따라서 가운데 수를 ☐라 하면,

$$(1+2+\cdots+9)+3 \times ☐ = 60$$
$$☐ = 5$$

따라서 가운데 수는 5가 됩니다.
이제 가장 큰 수인 9를 넣는 경우는 다음 두가지가 있습니다. (나머지 경우는 돌리거나 뒤집으면 같은 경우가 됩니다.)

두가지 각각의 경우 한 줄에 있는 세 수의 합이 15가 되도록 수를 넣으면 왼쪽의 경우는 만들어지지 않고, 오른쪽의 경우에 다음과 같이 만들 수가 있게 됩니다.

6	1	8
7	5	3
2	9	4

3. 여러 가지 님게임

Free FACTO

다음과 같은 규칙으로 게임을 합니다. 이 게임에서 이기기 위해서 처음에 어떻게 구슬을 가져와야 합니까? 두 가지 방법이 있습니다.

- 아래와 같이 2개의 접시에 구슬을 4개, 6개 놓습니다.
- 두 사람이 번갈아 가며 구슬을 가져오는데, 한 번에 1개 또는 2개를 가져올 수 있고, 한쪽 접시에서만 가져올 수 있습니다.
- 마지막 구슬을 가져오는 사람이 이깁니다.

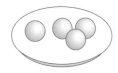 

생각의 흐름 1 상대방의 차례가 되었을 때 다음과 같이 두 가지 경우를 만들면 이길 수 있습니다.

ⅰ) 양쪽 접시에 구슬이 똑같이 있을 경우

ⅱ) 한쪽 접시에 구슬이 3개 있는 경우

2 1에서 이기는 상태를 거꾸로 쫓아가 처음에 어떻게 구슬을 가져와야 이기는지 구합니다.

15개의 구슬이 있는데 두 사람이 번갈아 한 번에 많게는 3개, 적게는 1개까지 가져올 수 있습니다. 마지막 구슬을 가져오는 사람이 이긴다고 할 때, 처음에 몇 개의 구슬을 가져와야 항상 이길 수 있습니까?

○ 마지막 15째 번 구슬을 가져오면 이기므로, 그 전에 11째 번 구슬을 가져오면 이깁니다.

다음과 같은 규칙으로 게임을 합니다. 이 게임에서 반드시 이기려면 처음에 어느 접시에서 몇 개의 구슬을 가져가야 하는지 구하고, 그 이유를 설명하시오.

- 다음과 같이 (가)접시에 구슬이 2개, (나)접시에 구슬이 3개 있습니다.
- 두 사람이 번갈아 가며 구슬을 개수에 상관없이 가져가는데, 한 접시에서만 가져 갈 수 있습니다.
- 마지막에 가져갈 구슬이 없는 사람이 집니다.

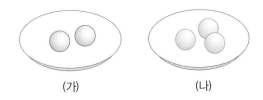

(가)　　　　　(나)

LECTURE 여러 가지 님게임

두 사람이 번갈아 가며 구슬을 가져가는데 마지막 구슬을 가져가는 사람이 지거나, 이기는 놀이를 님게임이라 합니다. 님게임에서 이기기 위해서는 마지막 이기는 상태를 가정하여 거꾸로 이기는 상태를 쫓아가면 됩니다. 구슬이 10개 있고, 한 번에 구슬을 하나 또는 두 개를 가져올 수 있고, 마지막 구슬을 가져오는 사람이 이긴다고 할 때,

내가 이기기 위해서는 7번 구슬을 가져오면 됩니다. (상대가 8번 구슬을 하나를 가져가면 나는 9번, 10번 구슬 두 개를 가져오면 이기고, 상대가 8번, 9번 구슬 두 개를 가져가면 나는 10번 구슬 하나를 가져와 이길 수 있습니다.)
마찬가지 방법으로 4번 구슬을 가져오기 위해서는 1번 구슬을 가져오면 됩니다.
이처럼 마지막 이기는 상태는 10번 구슬을 가져오는 것이고, 10번 구슬을 가져오기 위해서는 7번, 7번 구슬을 가져오기 위해서는 4번, 4번 구슬을 가져오기 위해서는 1번 구슬을 가져오는 식으로 이기는 상태를 거꾸로 따라가면 됩니다.

 다음과 같이 빈 칸에 색칠하시오.

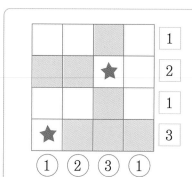

- ★이 있는 곳에는 색칠할 수 없습니다.
- ○ 안의 수는 세로로 색칠한 칸의 수입니다.
- □ 안의 수는 가로로 색칠한 칸의 수입니다.

(1)

★이 있는 곳에는...

KeyPoint
③, ① 인 경우를 먼저 구합니다.

(2)

KeyPoint
② 에서 반드시 색칠해야하는 칸을 찾습니다.

다음에 주어진 수를 각각 두 번씩 빈 칸에 넣어 가로, 세로, 대각선 방향으로 세 수의 합이 같게 만들어 보시오.

2	6	
	4	

 다음 그림의 빈 칸에 1에서 7까지의 수를 하나씩 넣어 각 직선 위에 있는 세 수의 합을 같게 만들려고 합니다. 칠해진 칸에 들어갈 수 있는 수를 모두 구하시오.

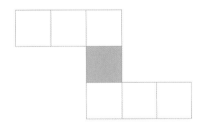

승우와 인호가 바둑돌 놓기 게임을 합니다. 게임 규칙이 다음과 같다고 할 때, 인호가 반드시 이기기 위해서는 바둑돌을 몇 개 놓아야 합니까? 승우가 먼저 시작하여 2개의 바둑돌을 놓았습니다.

> • 바둑돌을 한 번에 1개에서 3개까지 놓을 수 있습니다.
> • 아래 칸의 1번 칸에서 시작하여 차례로 번갈아 가면서 바둑돌을 놓습니다.
> • 20번 칸에 바둑돌을 놓은 사람이 이깁니다.

①	②	3	4	5	6	7	8	9	10	11	12	13	14	15	16	17	18	19	20

Key Point ....o
20번 칸에 놓기 위해서는 반드시
16번 칸에 바둑돌을 놓아야 합니다.

1에서 5까지의 수를 다음 ◯ 안에 써 넣어 원 위의 네 수와 직선 위의 세 수의 합이 같게 만들어 보시오.

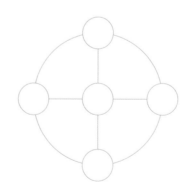

Key Point ....o
세 수의 합이 네 수의 합과 같도록
큰 수를 가운데 넣습니다.

바둑돌 옮기기 게임을 합니다. 두 사람이 번갈아 가며 선을 따라 바둑돌을 옮기는
데 출발점에서 시작하여 위쪽 또는 오른쪽으로만 갈 수 있고, 한 번에 한 칸 또는
두 칸만 갈 수 있다고 합니다. 이 때, 두 칸을 꺾어서는 갈 수 없습니다. 도착점에
도착하는 사람이 이긴다고 할 때, 이 게임에서 이길 수 있는 방법을 말해 보시오.

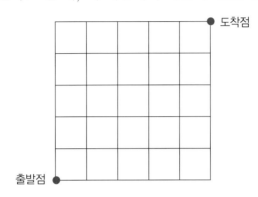

KeyPoint ···°

도착점에 먼저 도착하려면 A점 또
는 B점에 먼저 도착해야 합니다.

A점 또는 B점에 먼저 도착하려면
어느 점에 먼저 도착해야 하는지 생
각합니다.

4. 폴리오미노

서로 합동인 정사각형 4개를 변끼리 이어 붙여 만들 수 있는 서로 다른 모양을 모두 그리시오. (단, 돌리거나 뒤집었을 때 겹치는 모양은 서로 같은 모양입니다.)

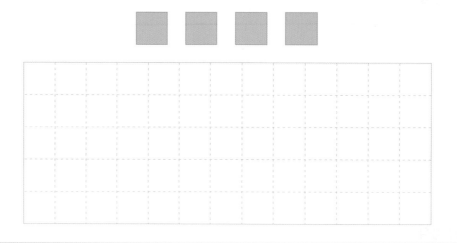

생각의 흐름 **1** 3개를 한 줄로 길게 붙인 모양에 나머지 하나를 돌아가며 붙입니다. 이 때, 서로 같은 모양은 없는 지 잘 관찰합니다.

2 2개를 붙이고, 나머지 2개를 붙이되, 한 줄에 정사각형 3개가 오지 않도록 붙입니다.

LECTURE 폴리오미노

정사각형을 붙여 만든 도형을 폴리오미노라고 합니다.
폴리오미노는 붙인 정사각형의 개수에 따라 구분되는데 붙인 정사각형의 개수가 늘어남에 따라 그 도형의 가짓수도 늘어납니다.

                     ...   ...

모노미노   도미노   트리미노   테트라미노   펜토미노

예제 01 합동인 정삼각형을 여러 개 붙여 만든 모양을 폴리아몬드(polyiamond)라고 합니다. 물음에 답하시오.

(1) 정삼각형 3개를 이어 만든 서로 다른 모양을 모두 그리시오.

(2) 정삼각형 4개를 이어 만든 서로 다른 모양을 모두 그리시오.

(3) 정삼각형 5개를 이어 만든 서로 다른 모양을 그리시오.

5. 펜토미노

Free **FACTO**

작은 정사각형 15개로 이루어진 직사각형을 크기는 같고, 모양이 다른 3개의 조각으로 나누시오.

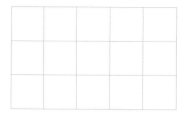

생각의흐름 **1** 작은 정사각형 15개로 이루어진 직사각형을 넓이가 같은 3조각으로 나누면 한 조각은 작은 정사각형이 몇 개로 이루어지는지 구합니다.

2 1에서 구한 개수의 정사각형으로 이루어진 모양들을 생각하며, 직사각형을 서로 다른 조각으로 나누어 봅니다.

LECTURE 펜토미노 퍼즐

펜토미노 퍼즐은 1907년 마틴 가드너, 샘 로이드와 함께 3대 퍼즐리스트 중의 한 명인 헨리 듀드니의 퍼즐책 "The Canterbury Puzzle"에 처음으로 소개되었습니다.

영국의 윌리엄 1세의 아들과 프랑스의 황태자가 체스 게임을 하던 도중 깨진 체스판의 모양이 12개의 펜토미노 조각과 1개의 테트라미노 조각으로 나누어졌다고 하는데, 결국 8×8 정사각형을 12조각의 펜토미노로 나누는 해법에 대한 이야기입니다.

펜토미노 12조각은 다음과 같습니다.

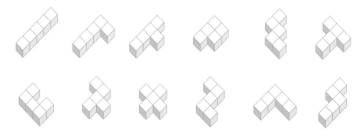

이 퍼즐 조각들이 "펜토미노"라고 불리어진 것은 1953년 솔로몬 골롬 박사가 하버드에서 강의를 하면서부터라고 합니다.

정사각형 5개를 이어 만든 서로 다른 모양의 펜토미노 4조각으로 4×5 직사각형 모양을 만들려고 합니다. |보기|와 같이 모두 다른 종류의 펜토미노를 사용하여 직사각형을 채우려고 할 때, 서로 다른 방법으로 직사각형에 펜토미노 4조각을 그려 넣으시오. (단, 사용한 조각의 종류가 같으면 같은 방법으로 봅니다.)

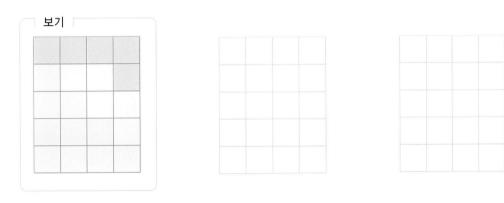

 다음은 펜토미노 조각을 4배로 크게 만든 것입니다. 서로 다른 모양의 펜토미노 조각을 사용하여 다음 모양을 모두 덮으시오.

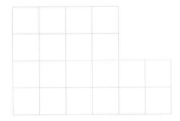

6. 도형나누기

Free FACTO

다음 사다리꼴을 크기와 모양이 모두 같은 4조각으로 나누시오.

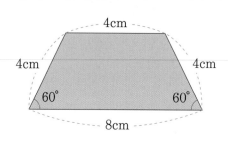

생각의흐름
1. 사다리꼴을 정삼각형으로 3등분 합니다.
2. 정삼각형을 다시 작은 정삼각형 4개로 나눕니다.
3. 전체 작은 정삼각형의 개수를 세어, 서로 같은 모양이 되도록 전체를 4등분 합니다.

LECTURE 공평하게 나누기

네 명의 형제가 유산으로 받은 집과 우물이 4개 있는 땅을 공평하게 나누려고 합니다.

우물과 집의 위치는 다르지만 전체 땅의 모양이 같도록 나누면 아래와 같습니다. 모양이 같은지 확인해 봅니다.

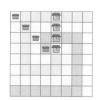

다음 도형을 크기와 모양이 같은 네 조각으로 나누시오.

◐ 정사각형으로 3등분 한 다음, 다시 작은 정사각형으로 4등분 합니다.

파란색 정사각형 8개와 노란색 정사각형 4개로 다음과 같은 모양을 만들었습니다. 전체를 노란색 정사각형이 1개씩 들어간 크기와 모양이 같은 도형으로 나누시오. 단, 노란색 정사각형의 위치는 다를 수 있습니다.

◐ 한 조각에 들어가는 정사각형의 개수를 구합니다.

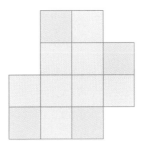

 다음 정삼각형을 │보기│와 같이 아래에 주어진 수만큼 크기와 모양이 같도록 나누시오.

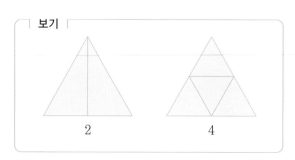

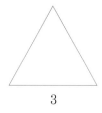   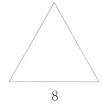   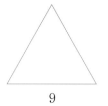

3   8   9

 크기가 같은 정육각형 3개를 붙여서 만들 수 있는 모양을 모두 그리시오.

KeyPoint ....○
정육각형 2개를 붙이고 남은 1개를 기
준을 정하여 돌려가며 붙여 봅니다.

3 정사각형 5개를 이어 만든 서로 다른 모양의 펜토미노 4조각으로 5×4 직사각형 모양을 만들려고 합니다. 다음 물음에 답하시오.

(1) 다음 주어진 조각을 반드시 사용하여, 직사각형에 펜토미노 4조각을 그려 넣으시오.

(2) 다음 주어진 조각을 반드시 사용하여, 직사각형에 펜토미노 4조각을 그려 넣으시오.

주어진 펜토미노를 직사각형에 그리고, 나머지 15칸을 5칸씩 나누어 봅니다. 모두 다른 모양의 조각이어야 합니다.

정사각형 모양의 색종이 2장을 이어 만든 모양의 일부를 그림과 같이 잘라냈습니다. 남은 조각을 4사람이 똑같이 나누어 가지려고 합니다. 그 방법을 그림을 그려 설명하시오.

Key Point

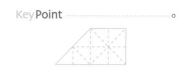

 |보기|는 정사각형을 선을 따라 크기와 모양이 같은 2조각으로 나눈 것입니다. 서로 다른 방법으로 아래의 정사각형을 보기와 같이 2등분 하시오.

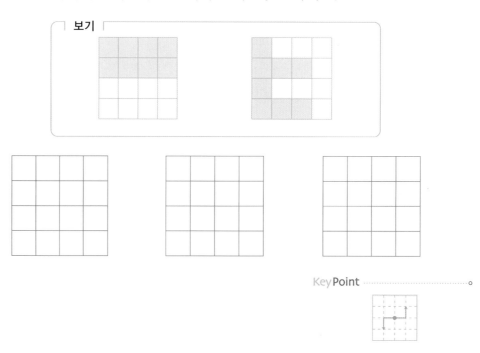

Key Point

응용 6 직각이등변삼각형 3개를 붙여 만들 수 있는 서로 다른 모양을 알아봅시다.

(1) 직각이등변삼각형 2개를 붙여 만들 수 있는 서로 다른 모양을 모두 그리시오.

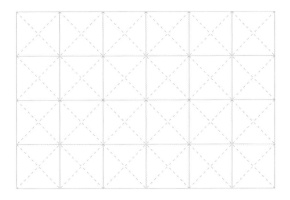

(2) (1)에서 찾은 모양에 나머지 1개를 더 이어 붙여 만들 수 있는 서로 다른 모양을 모두 그리시오.

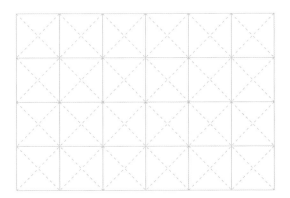

Thinking 팩토

정사각형 5개를 붙여 다음과 같이 만들었습니다. 물음에 답하시오.

(1) 다음 도형을 크기와 모양이 같은 4조각으로 각각 나누시오.

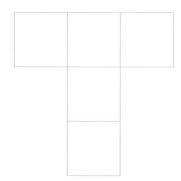

(2) 다음 도형을 크기와 모양이 같은 3조각으로 나누시오.

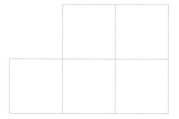

|보기|는 시작점에서 끝점까지 정사각형의 중심을 지나는 선으로 연결한 것입니다. 이 때, 위와 오른쪽 옆에 있는 수는 가로와 세로줄에 선이 지나가는 정사각형의 개수를 나타냅니다.

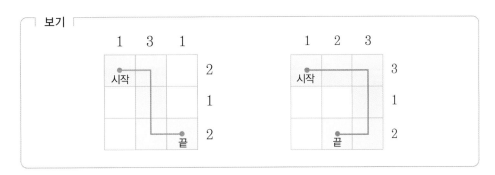

다음을 완성하시오.

(1)

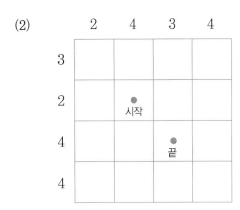

(2)

다음 │보기│와 같이 삼각형을 색칠하여 보시오.

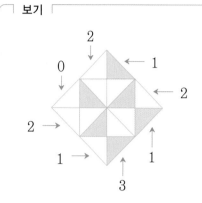

보기

도형 밖에 있는 수는 화살표 방향으로 색칠한 삼각형의 개수입니다.

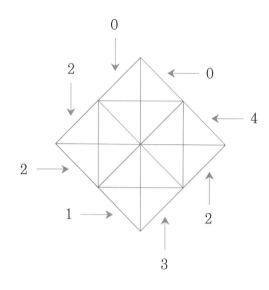

합동인 정사각형 5개를 이어 붙여 만든 모양을 펜토미노라고 합니다. 주어진 조각을 포함한 펜토미노 12조각을 모두 그리시오.

다음 칸에 2에서 10까지의 수를 넣어 가로, 세로, 대각선 방향으로 세 수의 합이 같게 만들어 보시오.

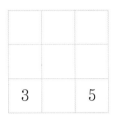

 다음과 같은 규칙으로 게임을 합니다. 이 게임에서 이길 수 있는 방법을 설명하시오.

규칙

① 아래와 같이 3개의 접시에 구슬을 1개, 2개, 3개를 놓습니다.

② 두 사람이 번갈아 가며 구슬을 가져오는데, 한 번에 개수에 관계없이 가져올 수 있고, 한 접시에서만 가져올 수 있습니다.

③ 마지막 구슬을 가져가는 사람이 집니다.

  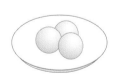

Memo

Ⅲ 기하

I LOVE FACTO ~ ♥

1. 뚜껑이 없는 직육면체의 전개도

그림과 같이 점선을 따라 접어 뚜껑이 없는 정육면체를 만들 수 있는 서로 다른 전개도를 그림에 나온 한 가지를 제외하고 모두 그리시오. (돌리거나 뒤집어서 같은 모양은 서로 같은 전개도입니다.)

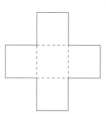

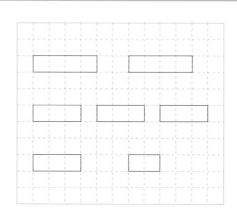

생각의흐름

1 다음 그림에 정사각형 하나를 더 그려 넣어 전개도를 완성합니다.

2 다음 그림에 정사각형 2개를 더 그려 넣어 전개도를 완성합니다. 단, **1**에서 만든 한 줄에 정사각형이 4개를 이어 붙인 모양은 그리지 않습니다.

3 다음 그림에 정사각형 3개를 더 그려 넣어 전개도를 완성합니다. 단, 위에서 만든 모양은 그리지 않습니다.

LECTURE 정육면체의 전개도 11가지

정사각형 4개를 먼저 나란히 이어 붙이고, 나머지 2개를 서로 다른 방법으로 그려 넣습니다.

정사각형 3개를 나란히 이어 붙이고, 나머지 3개를 서로 다른 방법으로 그려 넣습니다.

마지막 이것 하나는 절대 잊지 마세요.

가로, 세로, 높이가 각각 1m, 1m, 50cm인 뚜껑이 없는 상자가 있습니다. 모서리를 따라 이 상자를 잘라 펼친 서로 다른 모양을 5가지 그리시오.

◎ 바닥면을 기준으로 옆면들을 붙여 그려 봅니다.

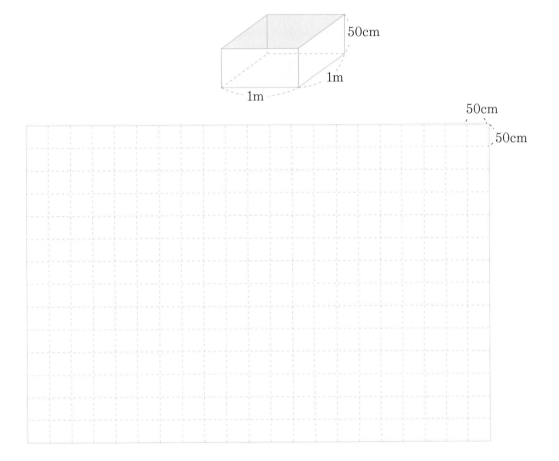

2. 직육면체의 전개도

Free **FACTO**

한 변이 1cm인 정사각형 모양의 색종이 2장과 두 변이 각각 1cm, 2cm인 직사각형 모양의 색종이 4장이 있습니다. 6장을 모두 이어 붙여 둘레가 가장 짧은 직육면체의 전개도를 만들려고 합니다. 전개도의 둘레는 몇 cm입니까?

생각의흐름 **1** 색종이 2장을 길이가 같은 두 변이 서로 만나도록 이어 붙여 만든 도형의 둘레는 각각의 둘레의 합에서 이어 붙인 두 변의 길이를 빼면 됩니다.

6장의 종이의 둘레의 합은 일정하므로 긴 변끼리 가장 많이 이어 붙인 전개도를 그려 봅니다.

2 1에서 그린 전개도의 둘레를 구합니다.

LECTURE 직육면체의 전개도

가로, 세로, 높이가 각각 1cm, 1cm, 2cm인 직육면체의 서로 다른 전개도입니다.

직육면체의 전개도는 직사각형 6개를 서로 다른 방법으로 이어 붙여 만드는데, 모두 길이가 같은 변끼리 5군데 이어 붙여서 만든 모양입니다.

다음 직육면체의 전개도를 그릴 때, 그 전개도의 둘레가 가장 길 때의 값을 구하려고 합니다. 물음에 답하시오.

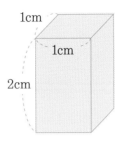

(1) 직육면체의 전개도에 사용될 6개의 직사각형을 모두 그리시오.

(2) 둘레가 가장 길 때의 전개도를 그리시오. (2가지 이상)

◐ 길이가 짧은 변이 가장 많이 겹쳐지도록 합니다.

(3) 전개도의 둘레가 가장 길 때, 그 길이를 구하시오.

Free FACTO

다음 정육면체를 꼭지점 ㄱ, ㄴ, ㄷ을 지나는 평면으로 잘랐을 때, 잘린 단면의 모양을 설명하여 보시오.

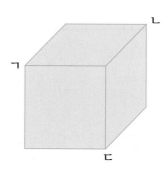

생각의흐름 1 꼭지점 ㄱ, ㄴ, ㄷ을 모두 지나는 평면으로 잘린 모양은 다음과 같습니다. 어떤 모양인지 예상하여 봅니다.

2 선분 ㄱㄴ의 길이를 ●라 할 때, 선분 ㄱㄷ, 선분 ㄴㄷ의 길이를 ●를 사용하여 나타내시오.

3 단면의 모양을 설명하고, 그렇게 생각한 이유를 설명하시오.

LECTURE 정육면체

1 각 면이 서로 합동인 정사각형이고, 각 꼭지점에 모이는 면이 3개인 입체도형을 정육면체라고 합니다. 정육면체의 꼭지점은 8개, 모서리는 12개, 면은 6개입니다.

2 정육면체의 모든 면은 정사각형으로 서로 합동이고, 모서리의 길이는 모두 같습니다.

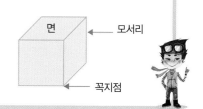

다음 정육면체의 세 꼭지점을 이어 삼각형 ㄱㄴㄷ을 만들었습니다. 어떤 삼각형인지 설명하시오.

○ 선분 ㄱㄴ과 선분 ㄴㄷ이 이루는 각도를 생각합니다.

 그림과 같이 정육면체를 이등분했습니다. 이 때, 잘린 단면의 모양을 설명하시오.

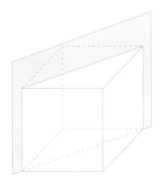

합동인 정사각형 5개를 그림과 같이 이어 붙였습니다. 정사각형 1개를 더 그려 넣어 만들 수 있는 정육면체의 전개도는 모두 몇 가지입니까? (단, 돌리거나 뒤집어서 같은 모양은 한가지로 봅니다.)

KeyPoint ···○
접었을 때 정육면체 모양이 되도록 정사각형 1개를 여러 가지 방법으로 붙여 봅니다.

다음 정육면체의 전개도를 그릴 때, 전개도의 둘레는 몇 cm입니까?

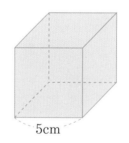

5cm

KeyPoint ···○
면이 서로 합동인 정사각형으로 이루어진 정육면체의 전개도에서 전개도를 이루는 작은 정사각형의 변의 길이는 모두 같습니다.

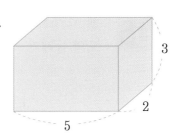

3 오른쪽 직육면체를 위, 앞, 옆에서 본 모양을 그리시오.

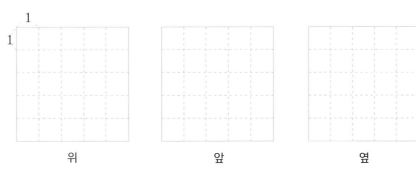

위	앞	옆

4 다음 직육면체는 서로 평행인 두 면이 같은 색이 되도록 빨간색, 파란색, 노란색을 칠한 것입니다. 오른쪽 전개도에 왼쪽 직육면체를 펼쳤을 때를 생각하여 알맞게 색칠하시오.

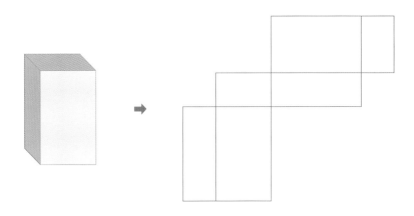

세 변이 각각 10cm, 15cm, 20cm인 직육면체의 전개도를 그리려고 합니다. 전개도의 둘레가 가장 길 때는 몇 cm입니까? 또, 이 때의 전개도를 그리시오.

 왼쪽 그림과 같은 직육면체 모양의 통에 3cm 높이만큼 물을 채운 후, 물이 닿은 면의 밖에 파란색 페인트를 칠했습니다. 이 통을 오른쪽 그림과 같이 펼쳤을 때, 파란색이 칠해진 부분을 찾아 색칠하시오.

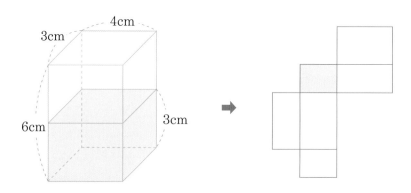

다음 직육면체를 꼭지점 ㄱ, ㅁ, ㅅ, ㄷ을 지나는 평면으로 잘랐을 때, 잘린 단면의 모양을 알아보려고 합니다. 물음에 답하시오.

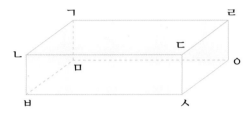

(1) 선분 ㄱㅁ과 선분 ㄷㅅ의 길이를 비교하시오.

(2) 선분 ㄱㄷ과 선분 ㅁㅅ의 길이를 비교하고, 그렇게 생각한 이유를 설명하시오.

(3) 사각형 ㄱㅁㅅㄷ의 이웃한 두 변이 이루는 각은 몇 도입니까?

(4) 단면은 어떤 도형입니까? 또, 그렇게 생각한 이유를 말하시오.

4. 정육면체 색칠하여 자르기

Free FACTO

모서리가 4cm인 두 개의 정육면체의 겉면을 모두 파란색 페인트로 칠한 후, 그림과 같이 정육면체 (가)는 모서리의 길이가 2cm인 정육면체 8개, 정육면체 (나)는 모서리의 길이가 1cm인 정육면체 64개로 나누었습니다. 이렇게 나누어진 작은 정육면체 72개 중에서 세 면이 칠해진 정육면체는 모두 몇 개입니까?

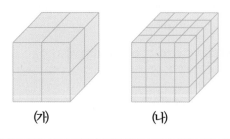

(가)   (나)

생각의흐름 **1** (가) 정육면체를 잘라 만든 작은 정육면체 중에서 세 면이 칠해진 정육면체의 개수를 구합니다.

2 (나) 정육면체를 잘라 만든 작은 정육면체 중에서 세 면이 칠해진 정육면체의 개수를 구합니다.

3 **1**, **2**에서 구한 정육면체의 개수를 더합니다.

LECTURE 정육면체 색칠하기

쌓기나무를 5×5×5 모양으로 쌓고, 밑면을 포함한 모든 면을 칠했습니다. 칠해진 면의 개수에 따라 쌓기나무의 개수를 세어 보면

한 면만 칠해진 쌓기나무의 개수 : 3×3×6=54(개) ← 면의 개수 6개

두 면만 칠해진 쌓기나무의 개수 : 3×12=36(개) ← 모서리의 개수 12개

세 면이 칠해진 쌓기나무의 개수 : 1×8=8(개) ← 꼭지점의 개수 8개

한 면도 칠해지지 않은 쌓기나무의 개수 : 3×3×3=27(개)

예제 **01** 그림과 같이 쌓기나무 27개를 쌓은 후, 바닥면을 포함한 겉 면을 모두 칠했습니다. 물음에 답하시오.

(1) 한 면도 칠해지지 않은 쌓기나무는 모두 몇 개입니까?

(2) 세 면이 칠해진 쌓기나무는 모두 몇 개입니까?

(3) 두 면이 칠해진 쌓기나무는 모두 몇 개입니까?

(4) 한 면만 칠해진 쌓기나무는 모두 몇 개입니까?

 예제 **02** 그림과 같이 쌓기나무를 쌓고, 바닥면을 제외한 겉면을 모 두 칠하려고 합니다. 물음에 답하시오.

(1) 가장 많은 면이 칠해질 쌓기나무는 몇 개의 면이 칠해집 니까?

(2) 세 면이 칠해질 쌓기나무는 모두 몇 개입니까?

5. 정육면체 붙이기

Free FACTO

정육면체 3개를 그림과 같이 면끼리 이어 붙였습니다. 여기에 정육면체 한 개를 더 붙여 만들 수 있는 서로 다른 모양은 모두 몇 가지입니까?

생각의흐름 **1** 1층으로 쌓을 수 있는 모양을 모두 그립니다.

2 2층으로 쌓을 수 있는 모양을 모두 그립니다.

LECTURE 정육면체 4개로 만들 수 있는 모양

정육면체 4개를 이어 붙여 만들 수 있는 서로 다른 모양은 다음과 같은 8가지입니다.

① 1층으로 쌓을 수 있는 모양을 먼저 만듭니다.

② 2층으로 쌓을 수 있는 모양을 만듭니다.

예제 01 정육면체 3개를 이어 붙여 만들 수 있는 모양을 모두 그리시오. 반드시 3개를 모두 사용할 필요는 없습니다.

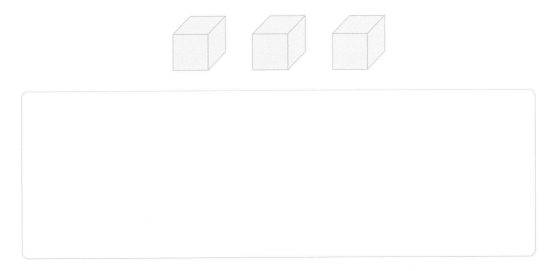

예제 02 정육면체 4개를 면끼리 이어 붙여 서로 다른 입체를 만들 때, 위에서 본 모양이 다음과 같은 입체는 모두 몇 가지입니까?

○ 와 은 서로 다른 모양임에 주의합니다.

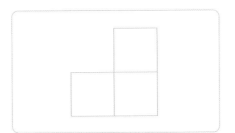

6. 소마큐브

Free FACTO

다음 7개의 서로 다른 조각을 이어 같은 색끼리 이웃하지 않게 오른쪽 정육면체를 만들었습니다. ⑦번 조각은 어떤 모양입니까? 직접 색칠하시오.

①   ②   ③   ④

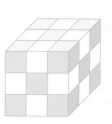

⑤   ⑥   ⑦

생각의흐름

1 위와 같은 정육면체를 만드는 데 필요한 분홍색 정육면체와 흰색 정육면체는 각각 몇 개인지 구합니다.

2 ①, ②, ③, ④, ⑤, ⑥ 조각에는 흰색 정육면체와 분홍색 정육면체가 모두 몇 개씩 들어가는지 구합니다.

3 1에서 2를 빼 필요한 색깔의 정육면체 개수를 구합니다.

4 조건에 맞게 ⑦조각을 색칠합니다.

예제 01

왼쪽 소마큐브 세 조각으로 오른쪽 모양을 만들 수 있도록 조각 ③을 색칠하시오.

○ 완성된 모양의 흰색 정육면체와 검은색 정육면체의 개수를 구합니다.

        →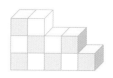

①   ②   ③

LECTURE 소마큐브 (soma cube)

소마큐브의 창시자는 덴마크 출신의 피에트 하인으로 양자물리학 강의를 듣던 중에 이 퍼즐을 고안하게 됩니다.

그 강의는 공간이 작은 정육면체들로 잘게 잘려질 수 있는가에 관한 것이었는데, 그는 이 강의에서 "크기가 서로 같고 면이 서로 접하는 정육면체를 붙여 만든 조각으로 조금 더 커다란 정육면체를 만들 수 있지 않을까?"라는 아이디어를 갖게 됩니다.

그는 결국 소마큐브를 이루는 7개의 조각을 만들게 되었고, 그로부터 수 년 후에 소마큐브는 대량으로 생산이 됩니다.

소마큐브는 단순한 7개의 조각으로 여러 가지 모형을 만들어낼 수 있는 대표적인 입체퍼즐이라 할 수 있습니다.

처음엔 7조각을 이용하여 정육면체를 만들어 보고, 여러 모형들을 따라 만들면 공간 지각력과 조형력을 키울 수 있습니다.

7개의 소마큐브 조각을 알아보면,
소마큐브 각 조각은 정육면체 3개 또는 4개를 붙여 만들 수 있는 다음 10가지 모양에서 3가지 모양을 뺀 것입니다.

> 소마큐브 7조각은 정육면체를 4개 붙여서 만들 수 있는 8가지 조각 중에서 6가지와 3개를 붙여서 만든 조각 1가지로 이루어져 있는데, 이 7가지 조각으로 정육면체를 만들 수 있지.

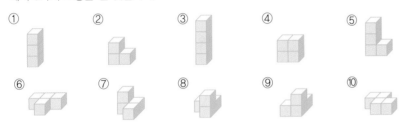

① ② ③ ④ ⑤

⑥ ⑦ ⑧ ⑨ ⑩

③번 조각을 사용하면 3×3×3 정육면체를 만들 수 없고 ①, ④번 조각은 모양이 간단하여 제외한 것입니다.

따라서 소마큐브를 구성하는 작은 정육면체의 개수는 3×3×3=27(개)인 것입니다.

소마는 어떤 소설에 나오는 중독이 강한 풀의 일종인데, 소마큐브는 그만큼 중독성이 강한 퍼즐이라고 합니다.

 다음은 겉면이 모두 보라색으로 칠해진 정육면체입니다. 이 정육면체를 모서리가 2cm인 작은 정육면체로 모두 잘랐다고 할 때, 물음에 답하시오. 단, 이 정육면체의 모서리는 10cm입니다.

(1) 잘라진 작은 정육면체는 모두 몇 개입니까?

(2) 세 면이 칠해진 작은 정육면체는 모두 몇 개입니까?

(3) 한 면이 칠해진 정육면체의 개수와 한 면도 칠해지지 않은 정육면체의 개수를 각각 구하시오.

다음과 같이 벽면에 쌓기나무를 쌓았습니다. 보이지 않는 쌓기나무는 모두 몇 개입니까?

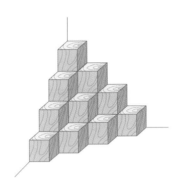

Key Point

쌓기나무는 모두 몇 개인지 계산하여 보이는 쌓기나무의 개수를 뺍니다.

 다음은 쌓기나무 4개를 붙여 만든 모양입니다. 서로 같은 모양을 찾아 선으로 이으시오.

Key Point

거울에 비추었을 때만 같은 모양이 되는 서로 다른 두 모양에 유의합니다.

정육면체 4개를 이어 만든 소마큐브 다섯 조각 중 두 조각을 골라 아래와 같은 모양을 만들었습니다. 사용한 두 조각을 고르시오.

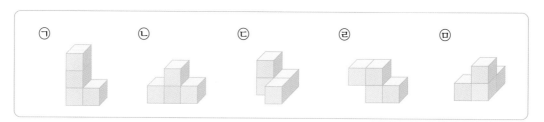

(1)

(　　), (　　)

(2)

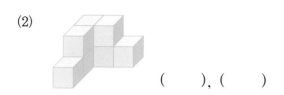

(　　), (　　)

(3)

(　　), (　　)

Key Point .... ○

㉠에서부터 차례로 한 개의 조각을 먼저 놓고, 나머지 부분에 들어갈 조각을 찾아봅니다.

일정한 규칙으로 정육면체를 이어 만든 모양의 밑면을 제외한 모든 겉면을 보라색으로 칠했습니다. 물음에 답하시오.

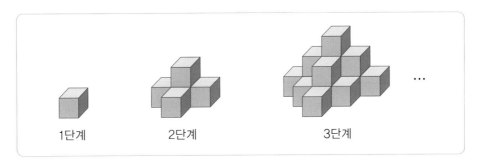

1단계   2단계   3단계

(1) 각 단계에서 가장 많은 면이 칠해진 정육면체의 칠해진 면의 개수를 구하시오.

(2) (1)에서 구한 개수만큼 칠해진 면이 있는 정육면체는 1, 2, 3단계에서 각각 몇 개씩 있는지 구하시오.

(3) 4개의 면이 칠해진 정육면체는 1, 2, 3단계에 각각 몇 개씩 있는지 구하시오.

(4) 규칙을 찾아 4단계의 모양에서 4개의 면이 칠해진 정육면체의 개수를 구하시오.

(5) 4단계의 모양에서 한 면도 칠해지지 않은 정육면체는 몇 개인지 구하시오.

다음 직육면체의 전개도를 모눈종이 A, B에 각각 그려 넣으시오. (모눈 한 칸의 가로, 세로의 길이는 각각 1cm입니다.)

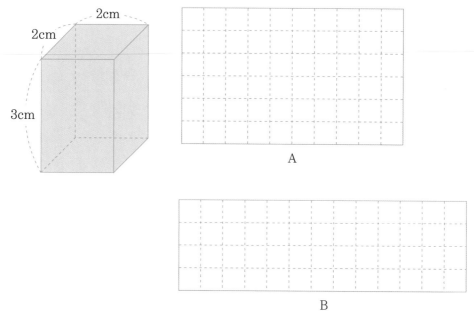

A

B

겉면에 서로 다른 알파벳이 쓰여진 네 개의 소마큐브 조각이 있습니다. 이 조각 중 몇 개를 골라 아래와 같은 모양을 만들었습니다. 완성된 조각을 위에서 내려다 본 모양에 맞게 알파벳을 써 넣으시오. (알파벳이 쓰여진 방향은 고려하지 않습니다.)

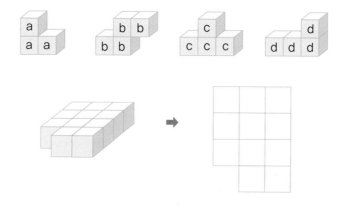

다음은 정사각형 5개를 이어 만든 펜토미노 12조각입니다. 이 중 한 개의 정사각형을 더 붙여 정육면체의 전개도가 될 수 있는 모양을 모두 찾으시오.

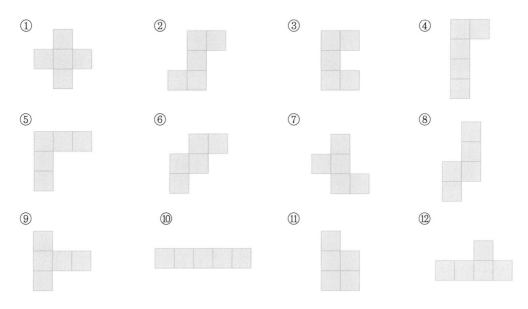

직육면체를 꼭지점 ㄱ, ㄴ, ㄷ을 모두 지나는 평면으로 잘랐습니다. 잘린 단면은 어떤 도형입니까?

흰색 쌓기나무와 파란색 쌓기나무로 서로 같은 색의 면이 맞붙지 않게 그림과 같이 쌓으려고 합니다. 파란색 쌓기나무와 흰색 쌓기나무가 각각 몇 개씩 필요합니까?

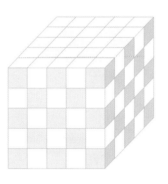

다음은 밑면의 모양이 정사각형인 직육면체 모양의 나무도막 3개를 서로 합동인 면끼리 이어 붙여 만든 것입니다. 이와 같은 방법으로 만들 수 있는 서로 다른 모양을 모두 그리시오.

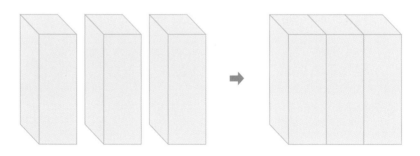

한 변의 길이가 15인 정사각형 모양의 종이로 뚜껑이 없는 상자를 만들려고 합니다. 물음에 답하시오.

(1) 그림과 같이 네 꼭지점에서 합동인 정사각형 4개를 잘라내고 접어서 상자를 만들려고 합니다. 잘라내는 정사각형의 한 변의 길이가 자연수일 때, 이와 같은 방법으로 만들 수 있는 서로 다른 상자는 모두 몇 가지인지 구하시오.

(2) 한 변의 길이가 5인 정사각형 4개를 잘라내고, 남은 종이를 접어 상자를 만들려고 합니다. 이 때, 정사각형을 4개 잘라내고 남은 모양으로 서로 다른 경우를 그리시오. (단, 돌리거나 뒤집어서 같은 모양은 한 번만 그립니다.)

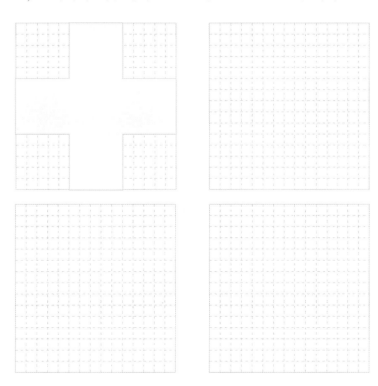

Memo

Ⅳ 규칙 찾기

I LOVE FACTO ~ ♥

1. 수열 2

다음과 같이 수를 늘어놓을 때, ☐ 안에 들어갈 알맞은 수를 구하시오.

$$2, 3, 5, 7, 11, 13, \boxed{}, 19, 23, \cdots$$

생각의흐름
1 나열된 수의 특징을 찾아봅니다.

2 나열된 수의 약수는 모두 몇 개인지 생각해 봅니다.

3 약수의 개수가 1과 자기 자신 뿐인 수 중에서 13과 19 사이에 있는 수를 구합니다.

LECTURE 수열의 ☐ 째 번의 수

다음과 같이 일정한 수를 더하거나 빼서 만든 수열을 등차수열이라 하고, 일정한 수를 곱하거나 나누어서 만든 수열을 등비수열이라 합니다.

$$\underset{+3 \quad +3 \quad +3 \quad +3}{1, \quad 4, \quad 7, \quad 10, \quad 13, \cdots\cdots} \qquad 등차수열$$

$$\underset{\times 3 \quad \times 3 \quad \times 3 \quad \times 3}{1, \quad 3, \quad 9, \quad 27, \quad 81, \cdots\cdots} \qquad 등비수열$$

등차수열과 등비수열의 ☐ 째 번 수를 찾기란 그리 어렵지 않습니다.
위 등차수열은 앞의 수에 3씩 더하는 수열이므로 ☐ 째 번 수는

첫째 번 수 : 1

둘째 번 수 : 4=1+3

셋째 번 수 : 7=1+3×2

넷째 번 수 : 10=1+3×3

☐ 째 번 수는 1+3×(☐-1)입니다.

위 등비수열은 앞의 수에 3씩 곱한 것이므로, ☐ 째 번 수는 (3을 ☐-1번 곱한 수)입니다.

다음 수열은 소수(약수가 1과 자기 자신 밖에 없는 수) 수열입니다.

2, 3, 5, 7, 11, 13, 17, 19, 23, 29, 31, 37, 41, 43, 47, …

만약 이 수열의 ☐ 째 번 수를 찾을 수 있다면 여러분은 수학시에서 길이 남을 것입니다.

> 수열의 규칙을 찾을 때, 일정한 수가 더해지는지, 곱해지는지, 더해지는 수가 일정한 규칙을 가지는지 또는 수들이 어떤 특별한 성질을 가지는지 찾아봐야 해.

다음과 같이 일정한 규칙으로 수를 늘어놓을 때, ☐ 안에 들어갈 수를 구하시오.

○ 분모가 늘어나는 규칙을 찾아 처음 두 개의 1을 분수로 나타내어 봅니다.

$$1, \quad 1, \quad \frac{5}{4}, \quad \frac{7}{5}, \quad \frac{11}{6}, \quad \frac{13}{7}, \quad \frac{17}{8}, \quad \boxed{}, \quad \frac{23}{10}, \quad \cdots$$

일정한 규칙으로 분수를 늘어놓았습니다. 13째 번 분수를 $\frac{\textcircled{\tiny ㄱ}}{\textcircled{\tiny ㄴ}}$ 이라고 할 때, ㉠과 ㉡의 합은 얼마입니까?

○ 분모를 4, 8, 12, 16, … 이 되도록 고쳐 봅니다.

$$\frac{1}{4}, \quad \frac{1}{2}, \quad \frac{7}{12}, \quad \frac{5}{8}, \quad \frac{13}{20}, \quad \frac{2}{3}, \quad \frac{19}{28}, \quad \frac{11}{16}, \quad \cdots$$

2. 배열의 규칙

Free FACTO

오른쪽과 같은 규칙으로 수를 나열할 때, 5열 10행에 있는 수를 구하시오.

	1열	2열	3열	4열	5열
1행	1	4	9	16	25
2행	2	3	8	15	24
3행	5	6	7	14	23	⋯
4행	10	11	12	13	22
5행	17	18	19	20	21

⋮

생각의 흐름 **1** 1열에 있는 수의 규칙을 찾아 1열 10행의 수를 찾습니다.

2 5열 10행의 수는 1열 10행의 수보다 얼마나 커지는지 찾습니다.

3 5열 10행의 수를 구합니다.

LECTURE 배열의 규칙

격자에 일정한 규칙으로 수를 배열할 때, 가로, 세로, 대각선 방향으로 수들의 규칙을 찾을 수 있습니다.

① 1행의 수의 규칙을 찾아보면 1부터 같은 수를 곱한 수입니다.

1, 4, 9, 16, 25, ⋯ (1×1, 2×2, 3×3, 4×4, 5×5, ⋯)

② 1열의 수의 규칙을 알아보면 더해지는 수가 1, 3, 5, 7, ⋯ 로 늘어납니다.

$$1, \underset{+1}{2}, \underset{+3}{5}, \underset{+5}{10}, \underset{+7}{17}, \cdots$$

③ 대각선 방향의 수의 규칙을 알아보면 더해지는 수가 2, 4, 6, 8, ⋯ 로 늘어납니다.

$$1, \underset{+2}{3}, \underset{+4}{7}, \underset{+6}{13}, \underset{+8}{21}, \cdots$$

	1열	2열	3열	4열	5열
1행	1	4	9	16	25
2행	2	3	8	15	24
3행	5	6	7	14	23	⋯
4행	10	11	12	13	22
5행	17	18	19	20	21

⋮

위의 3가지 규칙 중 가장 간편한 규칙을 적용하여 격자에서 수의 위치를 찾아낼 수 있습니다.

아래의 표는 어떤 규칙에 따라 수를 나열한 것입니다. 이 표에서 3행 4열의 수는 12이고, [3, 4]=12와 같이 나타내기로 합니다. [10, 8]을 구하시오.

◎ 1열의 규칙을 찾아 10행의 8째 번 수를 구합니다.

	1열	2열	3열	4열	5열	6열	
1행	1	2	5	10	17	26	⋯
2행	4	3	6	11	18	27	⋯
3행	9	8	7	12	19	28	⋯
4행	16	15	14	13	20	29	⋯
5행	25	24	23	22	21	30	⋯
6행	36	35	34	33	32	31	⋯
⋮	⋮	⋮	⋮	⋮	⋮	⋮	

 다음과 같이 일정한 규칙에 따라 수를 배열할 때, 10째 번 줄의 첫째 번 수는 얼마입니까?

$$1 \quad\quad\quad\quad\quad \leftarrow 1째 번 줄$$
$$2 \quad\quad 3 \quad\quad\quad \leftarrow 2째 번 줄$$
$$4 \quad\quad 5 \quad\quad 6 \quad\quad \leftarrow 3째 번 줄$$
$$7 \quad\quad 8 \quad\quad 9 \quad\quad 10 \quad \leftarrow 4째 번 줄$$
$$\vdots$$

Free FACTO

일정한 규칙을 찾아 빈 칸에 알맞은 수를 써 넣으시오.

3	8	0	9	2
7	4	6	5	7
22	33	1		15

생각의 흐름 **1** 1행과 2행의 수를 곱하여 3행의 수와 비교하여 봅니다.

2 규칙을 찾아 빈 칸에 알맞은 수를 넣습니다.

LECTURE 도형 규칙

도형 또는 표, 격자판에 수를 규칙적으로 나열한 것을 도형 규칙이라 합니다. 도형 규칙은 두 수의 계산 결과가 셋째 번 수와 연관이 있을 수도 있고, 세 수의 합 자체가 규칙이 될 수도 있습니다. 또한 도형의 모양에 따라 규칙이 정해지는 경우도 있습니다.

이처럼 도형 규칙은 일정한 해법이 있는 것이 아니라 여러 가지 방법으로 규칙을 추측해 보아야 합니다.

> 도형 규칙은 일정한 해법이 있는 것이 아니므로 도형의 모양을 고려하여 여러 가지 방법으로 계산하여 보고 규칙을 찾아야 해.

일정한 규칙을 찾아 빈 칸에 알맞은 수를 써 넣으시오.

3×6	3×7	3×8
4×6		4×8
5×6	5×7	5×8

18	21	24
24		32
30	35	40

 일정한 규칙을 찾아 빈 칸에 알맞은 수를 써 넣으시오.

○ 마주 보는 두 수의 곱을 구해 봅니다.

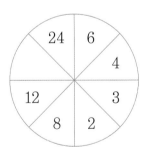

Creative 팩토

규칙을 찾아 칠해진 곳에 알맞은 수를 써 넣으시오.

4	2	10	16
			3
15			8
12	9	6	5

Key Point ....o
가로, 세로 방향으로 쓰인 수들의 합을 구해 봅니다.

수를 아래와 같이 써 나간다면, 500은 어느 글자 아래에 오게 됩니까?

가	나	다	라	마	바	사
1		2		3		4
	7		6		5	
8		9		10		11
	14		13		12	
15		16		17		18

......

Key Point ....o
몇 개의 수가 마디를 이루어 규칙이 되는지 찾아봅니다.

다음과 같이 수를 늘어놓을 때, ☐ 안에 들어갈 수를 구하시오.

(1) 15, 14, 16, 13, 17, 12, ☐, 11, 19, …

(2) 1, 2, 5, 3, 4, 5, ☐, 6, 5, 7, …

Key Point ·····································○
(1) 홀수째 번 수와 짝수째 번 수를 나누어 생각합니다.
(2) 5가 나타나는 규칙을 찾습니다.

다음은 어떤 규칙에 의해 수를 배열한 것입니다. A, B에 들어갈 수의 합을 구하시오.
(단, A, B의 합은 100보다 작습니다.)

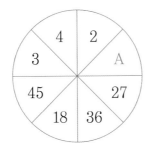

1	2	3	4
1	4	9	16
1	8	27	B

Key Point ·····································○
A에서는 마주 보는 수의 관계를 찾습니다. B는 가로, 세로로 어떠한 규칙이 있는지 찾습니다.

상자 안의 수들은 가로와 세로 모두 어떤 규칙에 따라 배열되어 있습니다. 빈 칸에 들어갈 알맞은 수를 구하시오.

(1)

8	12	16
10		18
12	16	20

(2)

24	48	144
12	24	72
4	8	

KeyPoint ·······················○
가로와 세로에서 늘어나거나 줄어
드는 규칙을 찾습니다.

 일정한 규칙으로 수를 나열할 때, ☐ 안에 들어갈 수를 구하시오.

$$1, \frac{1}{3}, \frac{1}{6}, \frac{1}{10}, \frac{1}{15}, \frac{1}{21}, \boxed{}, \cdots$$

KeyPoint ·······················○
분모가 늘어나는 규칙을 찾습니다.

오른쪽 표와 같이 수를 규칙적으로 늘어놓았는데 가장 마지막 수는 121입니다. 이 표에서 1열에 있는 수들은 1, 2, 3, 4, …이고, 3행에 있는 수들은 3, 6, 9, 12, …입니다. 이 표에서 어떤 행에 있는 수를 모두 더하였더니 462가 되었다면, 이것은 몇 행인지 구하시오.

	1열	2열	3열	4열	5열		
1행	1	2	3	4	5	…	
2행	2	4	6	8	10	…	
3행	3	6	9	12	15	…	
4행	4	8	12	16	20	…	
5행	5	10	15	20	25	…	
⋮	⋮	⋮	⋮	⋮	⋮		
							121

Key Point

121=11×11이므로 11행까지 있고, 1행에 있는 수를 모두 더하면 66입니다.

다음과 같이 수를 배열해 나갈 때, 2008은 어느 줄 몇째 번 칸에 있는지 구하시오.

	1칸	2칸	3칸	4칸	5칸	6칸	…
가줄	4	24	28	48	52	72	…
나줄	8	20	32	44	56	68	…
다줄	12	16	36	40	60	64	…

Key Point

□째 번 칸을 모두 채웠을 때 수를 □×12까지 쓰게 됩니다.

4. 도형 개수의 규칙

다음은 쌓기나무를 어떤 규칙에 따라 4층으로 쌓은 것입니다. 같은 규칙으로 쌓기나무를 10층까지 쌓으려면 필요한 쌓기나무는 모두 몇 개입니까?

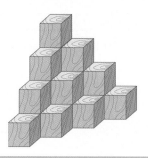

생각의흐름

1 위에서부터 각 층마다 쌓기나무가 몇 개씩 있는지 구해 봅니다.

2 아래로 한 층 내려갈 때, 쌓기나무가 몇 개씩 더 필요한지 구해 봅니다.

3 쌓기나무가 늘어가는 규칙을 찾습니다.

4 규칙에 따라 10층까지 쌓는데 필요한 쌓기나무의 개수를 구합니다.

LECTURE 가우스

가우스(Gauss Karl Friedrish, 1777~1855)는 보기 드문 신동이었습니다. 가우스가 초등학교에 다니던 10살 때, 선생님은 학생들을 조용히 하게 하려고 1부터 100까지의 수를 더하도록 시켰고, 가우스는 즉시 답을 제출하였습니다.
마침내 모든 학생이 답을 제출하였을 때 선생님은 가우스 혼자만이 아무런 계산도 없이 5050을 정확하게 답했다는 것을 알고 놀랐습니다. 가우스는 1+2+3+⋯+98+99+100을 단지 100+1=101, 99+2=101, 98+3=101, ⋯ 등으로 계산하면 50개의 쌍이 나오므로 답은 50×101=5050이라고 암산하였던 것입니다.

$$
\begin{array}{r}
1 + 2 + 3 + \cdots + 48 + 49 + 50 \\
+\,)\ 100 + 99 + 98 + \cdots + 53 + 52 + 51 \\
\hline
101 + 101 + 101 + \cdots + 101 + 101 + 101 = 50 \times 101 = 5050
\end{array}
$$

50개

예제 01

쌓기나무를 다음과 같은 규칙으로 쌓는다면 10째 번에는 몇 개의 쌓기나무가 필요합니까?

◐ 쌓기나무의 개수는 첫째 번에 1개, 둘째 번에 (1+4)개, 셋째 번에 (1+4+9)개입니다.

첫째 번   둘째 번   셋째 번

예제 02

다음과 같은 규칙으로 흰 바둑돌과 검은 바둑돌을 놓을 때, 열째 번에는 흰 바둑돌과 검은 바둑돌 중 어느 바둑돌을 몇 개 더 놓아야 합니까?

◐ 검은 바둑돌의 개수는 1, 4, 9, 16, …, 흰 바둑돌의 개수는 0, 1, 4, 9, …

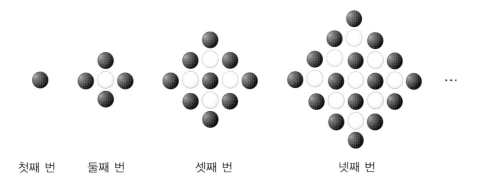

첫째 번   둘째 번   셋째 번   넷째 번

5. 약속 1

연산 규칙 ▣, ◎에 따라 계산하였더니 다음과 같았습니다.

3▣4=20	3◎4=6
2▣7=24	2◎7=6
5▣5=36	5◎5=16
6▣2=21	6◎2=5

(3◎3)▣(8◎4)를 구하시오.

생각의흐름 **1** 연산 규칙 ▣를 풀어 놓은 것입니다. □ 안에 들 어갈 수를 생각해 봅니다.
3▣4=(3+□)×(4+□)=20

2 연산 규칙 ◎를 풀어 놓은 것입니다. □ 안에 들 어갈 수를 생각해 봅니다.
3◎4=(3-□)×(4-□)=6

3 위에서 찾은 계산 방법에 따라 (3◎3)▣(8◎4)를 구합니다.

 다음은 어떤 연산 규칙 ◎, ▢을 이용하여 계산한 것입니다.

4◎3=24	7▢4=10
7◎2=28	6▢8=13
3◎3=18	5▢3=7
6◎5=60	8▢8=15

이 연산 규칙을 이용하여 다음을 계산하시오.

➡ ㉮◎㉯=㉮×㉯×2, ㉮▢㉯=㉮+㉯-1

(5◎5)◎(7▢2)

㉮♣㉯=㉮×㉯+(㉮+㉯)×3이라고 할 때, □가 나타내는 값은 얼마입니까?

◐ 7×□+(7+□)×3=101에서 □를 계산합니다.

$$7♣□=101$$

LECTURE 연산기호

우리는 흔히 +, −, ×, ÷ 등의 기호를 사용하여 수를 계산합니다.

이 기호들은 원래부터 그러한 의미를 지니고 있던 것이 아니고, 이미 모든 사람들이 그렇게 계산하도록 약속을 해 놓은 것입니다. 즉, '+'기호는 앞의 수와 뒤의 수를 더하라는 약속을 해 놓은 것입니다.

우리는 이와 같은 약속들을 배워 약속에 따라 계산하게 됩니다. ( )가 있으면 먼저 계산하는 것도 그렇게 하도록 약속한 것입니다.

수학에는 아직 배우지 않았지만 많은 기호들([ ], ∫, Σ, Π, …)의 계산 방법을 약속하여 놓았습니다. 우리는 이미 약속되어 있는 기호들을 이용하여 새로운 약속을 할 수도 있습니다. 위의 문제는 이러한 새로운 약속에 관한 것입니다.

'+'는 두 수를 더하라고 약속한 것이지. 우리도 어떤 기호를 써서 새로운 약속을 만들 수 있어. 약속기호는 이런 식으로 새롭게 만든 약속의 규칙을 찾아내는 거지.

6. 파스칼의 삼각형

다음과 같이 수를 배열하였을 때, 10행에 있는 모든 수들의 합을 구하시오.

				1					1행
			1		1				2행
		1		2		1			3행
	1		3		3		1		4행
1		4		6		4		1	5행

생각의 흐름

1 수들이 배열되어 있는 규칙을 찾습니다.

2 각 행에 있는 수들의 합을 구합니다.

3 각 행의 수들의 합에서 나타나는 규칙을 찾습니다.

4 10행에 있는 수들의 합을 구합니다.

LECTURE 파스칼의 삼각형

파스칼의 삼각형은 자연수를 삼각형 모양으로 배열한 것을 말합니다. 1303년 중국인에 의해 유럽에 알려졌으나 프랑스의 철학자이자 수학자인 파스칼이 여기서 흥미로운 성질을 많이 발견하였기 때문에 파스칼의 삼각형이라 부르게 되었습니다. 만드는 방법은 아주 간단합니다.

각 행의 처음에는 1을 쓰고, 그 다음 행은 위의 두 수를 합한 결과를, 그리고 끝에는 다시 1을 쓰면 됩니다. 이 과정을 계속 반복하면 오른쪽 그림과 같은 파스칼의 삼각형을 얻을 수 있습니다.

이 수들의 배열을 보고 여러 가지 규칙을 찾아보세요.

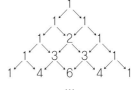

예제 1 다음과 같이 수를 배열하였을 때, 10행의 3째 번 수는 무엇입니까?

◯ 각 행의 3째 번 수들의 규칙을 찾아봅니다.

```
                    1                1행
                1       1            2행
            1       2       1        3행
        1       3       3       1    4행
    1       4       6       4       1    5행
                    ⋮                ⋮
```

예제 2 다음과 같이 수를 배열할 때, 12행에서 (홀수째 번 수의 합)−(짝수째 번 수의 합)은 얼마입니까?

◯ 각 행에서 홀수째 번 수의 합과 짝수째 번 수의 합을 구해 비교해 봅니다.

```
                    1                1행
                1       1            2행
            1       2       1        3행
        1       3       3       1    4행
    1       4       6       4       1    5행
1       5      10      10       5       1    ⋮
                    ⋮
```

 두 자연수 ㉮와 ㉯에 대하여 ㉮＊㉯를 다음과 같이 약속합니다.

$$㉮＊㉯＝(㉮＋1)×(㉯＋1)$$

이 때, (3＊2)＊1과 3＊(2＊1)을 각각 계산하시오.

 다음은 어떤 규칙에 따라 그린 그림입니다. 10단계의 그림에서 정사각형 속의 수를 모두 더하면 얼마입니까?

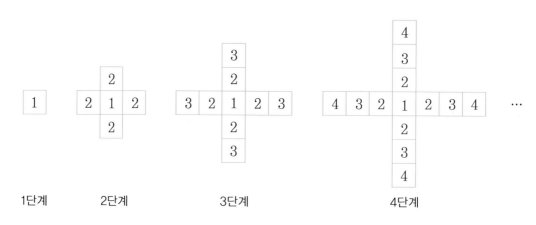

1단계 2단계 3단계 4단계 …

KeyPoint ·····································○
10단계에는 2부터 10까지의 수가 4개씩 있고, 1이 한 개 있습니다.

응용 **3** 다음에서 규칙을 찾아 ☆(☆3×☆7)을 계산하시오.

☆1=2 ☆2=5 ☆3=8 ☆4=11 ☆5=14
☆6=17 ☆7=20 ☆8=23 ☆9=26 ☆10=29

Key Point
☆㉮=㉮×3−□

 응용 **4** 다음과 같이 수를 배열하였을 때, 8행에 있는 모든 수들의 합을 구하시오.

				2					1행
			2		2				2행
		2		4		2			3행
	2		6		6		2		4행
2		8		12		8		2	5행

...

Key Point
파스칼의 삼각형을 2배 한 것입니다.

성냥개비로 다음 모양을 만들었습니다. 가로로 각각 3칸, 5칸씩 놓은 것인데, 이와 같은 방법으로 가로로 7칸 놓으려면 성냥개비는 모두 몇 개 필요합니까?

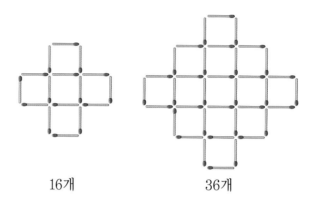

16개   36개

KeyPoint ....o
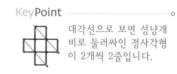 대각선으로 보면 성냥개비로 둘러싸인 정사각형이 2개씩 2줄입니다.

 ○은 크기에 관계없이 3을 나타내고, 규칙에 의해 아래와 같이 계산을 합니다.

○○는 3+3=6   ◎○는 3×3+3=12

◎◎○는 (3+3)×3+3=21   ◎◎는 3×3×3+3×3=36

규칙을 찾아 보고, 다음이 나타내는 수를 구하시오.

KeyPoint ....o
규칙에 따라 식을 적어 봅니다.

성냥개비로 다음과 같은 도형을 만들었습니다.

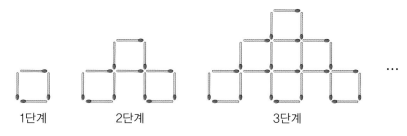

1단계 2단계 3단계 ...

10단계에 놓인 성냥개비는 모두 몇 개입니까?

 다음 표에서 규칙을 찾아 서로 다른 동전 8개를 던질 때 나올 수 있는 경우는 모두 몇 가지인지 구하시오.

던지는 동전의 개수 \ 앞면의 개수	0	1	2	3	4	...	합
1	1	1					2가지
2	1	2	1				4가지
3	1	3	3	1			8가지
4	1	4	6	4	1		16가지
⋮	⋮	⋮	⋮	⋮	⋮		⋮

 정사각형의 칸에서 화살표 방향으로 1칸씩 나아간다고 합니다. 첫째 번 칸의 위치를 (3, 1)이라고 하고 다섯째 번 칸의 위치를 (1, 1)이라고 하면, 100째 번 칸의 위치는 어떻게 나타낼 수 있습니까?

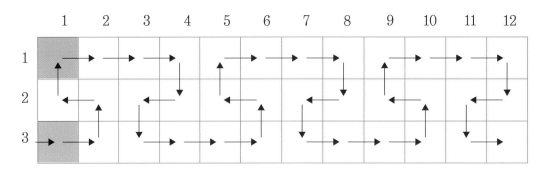

 일정한 규칙으로 수가 나열되어 있습니다. 빈 칸에 알맞은 수를 넣으시오.

1	2	3	4	5	6	7	8	9	10	11	12	13	⋯
1	2	2	3	2	4	2	4	3	4	2		2	⋯

다음 그림과 같이 원 둘레에 ①부터 ⑦까지의 수가 같은 간격으로 쓰여 있습니다.
①에서 출발해서 시계 방향으로 3칸씩 뛸 때, 100째 번 뛰었을 때 어떤 수에 도착
하게 됩니까?

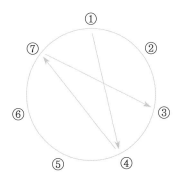

다음과 같이 일정한 규칙에 따라 수를 배열할 때, ㉠, ㉡에 들어갈 수를 각각 구하
시오.

열 행	1	2	3	4	5		9	⋯
1	1	2	9	10				⋯
2	4	3	8	11			㉠	⋯
3	5	6	7	12				⋯
4	16	15	14	13				⋯
5	17	⋮	⋮	⋮				⋯
								⋯
8			㉡					⋯
⋮	⋮	⋮	⋮	⋮	⋮	⋮	⋮	⋱

다음은 어떤 규칙에 따라서 정사각형에 색칠한 모양입니다. 이러한 모양을 계속 만들어 나갈 때, (16)의 모양에서 색칠된 정사각형은 모두 몇 개가 되겠습니까?

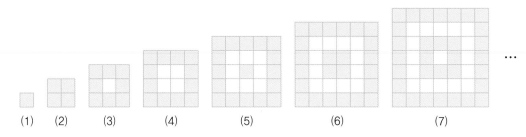

(1) (2) (3) (4) (5) (6) (7) ...

 파스칼의 삼각형을 그림과 같이 그리고 화살표를 따라 수를 더합니다. 규칙을 찾아 ⑩번 화살표를 따라 수를 더한 값을 구하시오.

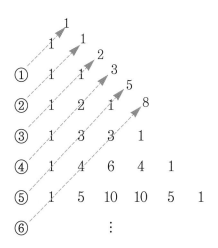

다음은 연산 규칙 ◎와 ▲에 따라 계산한 것입니다.

2◎3＝7	2▲3＝1
3◎4＝13	3▲4＝5
4◎5＝21	4▲5＝11
5◎7＝36	5▲7＝23

규칙을 찾아 계산하여 가, 나의 값을 각각 구하시오.

가◎2＝13

나▲3＝13

 그림과 같이 일정한 규칙으로 바둑돌을 10째 번까지 나열합니다. 10째 번에 사용한 바둑돌은 모두 몇 개입니까?

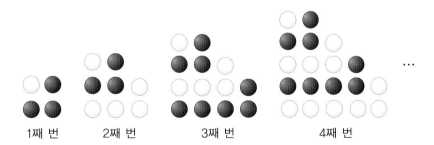

1째 번 2째 번 3째 번 4째 번

Memo

V 도형 측정

I LOVE FACTO ~ ♥

1. 직사각형의 둘레

그림과 같이 가로 15cm, 세로 11cm인 직사각형 모양의 종이를 접어 정사각형 ㉮, ㉯를 만들었습니다. 직사각형 ㉰의 둘레는 몇 cm입니까?

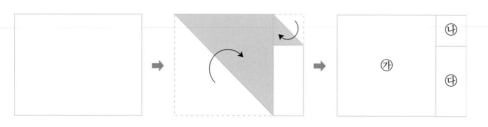

생각의 흐름

1 정사각형 ㉯의 한 변의 길이를 구합니다.

2 직사각형 ㉰의 세로의 길이를 구합니다.

3 직사각형 ㉰의 둘레를 구합니다.

 그림에서 사각형 ㉠, ㉡, ㉢, ㉣은 모두 정사각형입니다. 직사각형 ㄱㄴㄷㄹ의 둘레는 몇 cm입니까?

○ 정사각형 ㉠의 세로는 12cm입니다.

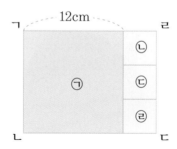

예제 02 가로가 15cm인 직사각형을 그림과 같이 나누었더니 모두 정사각형이 되었습니다. 이 직사각형의 세로는 몇 cm입니까?

◐ 가장 작은 정사각형의 한 변의 길이를 ■라고 할 때, ■를 사용해 나타낼 수 있는 길이를 모두 구합니다.

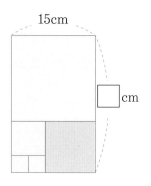

LECTURE 정사각형과 직사각형의 둘레

1 (정사각형의 둘레)=(한 변의 길이)×4, (직사각형의 둘레)={(가로)+(세로)}×2

2 가로와 세로의 길이가 같은 정사각형의 성질을 이용하여 직사각형의 둘레를 구할 수 있습니다.

직사각형의 두 변의 길이를 알 때, 정사각형의 둘레 구하기
① 정사각형의 모든 변의 길이는 같습니다.

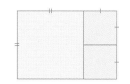

② (작은 정사각형의 한 변의 길이)
　　=(직사각형의 가로의 길이)
　　　-(큰 정사각형의 한 변의 길이)입니다.

가장 짧은 변의 길이를 이용한 직사각형의 둘레 구하기
① 가장 짧은 변의 길이를 ■라 합니다.
② ■를 사용해 길이를 알 수 있는 모든 변을 표시합니다.

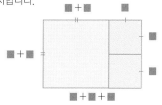

③ (직사각형의 가로)=■×3
　 (직사각형의 세로)=■×2

2. 붙여 만든 도형의 둘레

정사각형 모양의 색종이 6장을 그림과 같이 이어 붙였습니다. 정사각형의 한 변이 5cm일 때, 이어 붙인 도형의 둘레는 몇 cm입니까?

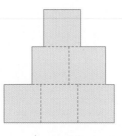

생각의 흐름 **1** 그림과 같이 세로 방향의 변의 길이의 합을 구합니다.

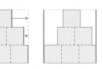

2 1과 같은 방법으로 가로 방향의 변의 길이의 합을 구합니다.

 다음 중 둘레의 길이가 다른 도형은 어느 것입니까?

● 길이가 같은 변을 이동하여 계산하기 간단한 모양으로 바꿉니다.

①   ② 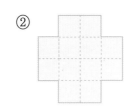 ③ 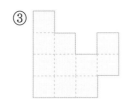 ④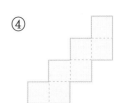

예제 02 다음 도형의 둘레는 몇 cm입니까?

◐ 주어진 도형과 둘레가 같은 직사각형을 만듭니다.

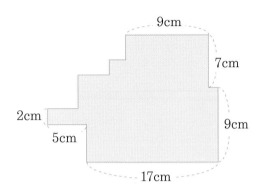

LECTURE 붙여 만든 도형의 둘레

다음 도형의 둘레의 길이는 모두 같습니다.

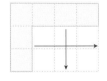 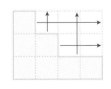 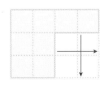 

따라서 직각으로 꺾인 도형의 둘레는 길이가 같은 변을 이동시켜 둘레의 길이가 같은 직사각형으로 만든 후, 그 둘레를 구하는 것이 편리합니다.

단, 오른쪽 도형과 같이 안으로 움푹 들어간 도형의 경우 직사각형으로 변형시킨 후, 남은 부분의 길이를 더하여 줍니다.

3. 잔디밭의 넓이

가로 20m, 세로 10m인 직사각형 모양의 땅이 있습니다. 이 땅에 그림과 같이 세 가지 방법으로 길을 만들고, 나머지 땅에 잔디를 심으려고 합니다. 잔디가 심어진 땅의 넓이가 가장 넓은 것을 찾고, 그렇게 생각한 이유를 말하시오.

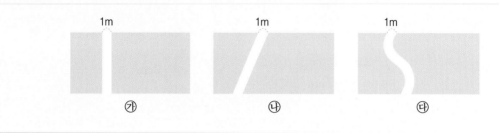

생각의 흐름 **1** 길을 뺀 잔디밭을 그림과 같이 붙여 그 넓이를 구해 봅니다.

그림과 같이 정사각형 모양의 풀밭 사이로 강이 흐르고 있습니다. 강을 뺀 풀밭의 넓이는 몇 m²입니까? 단, 강의 폭은 2m로 일정합니다.

○ 강으로 나누어진 풀밭을 이어 붙여 직사각형을 만듭니다.

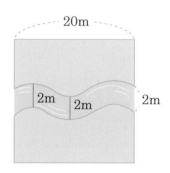

한 변이 10cm인 정사각형이 있습니다. 지름이 2cm인 원이 정사각형의 가로, 세로와 평행한 선을 따라 움직일 때, 정사각형 위에 원이 지나가지 않은 부분의 넓이를 구하시오.

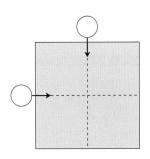

LECTURE 잔디밭의 넓이

그림과 같이 일정한 폭으로 길이 나 있는 잔디밭의 넓이는 길을 뺀 나머지 부분을 이어 붙여 만든 사각형의 넓이와 같습니다.

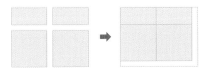 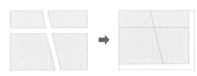

 1 직사각형 ㄱㄴㄷㄹ을 정사각형 3개와 직사각형 1개로 나누었습니다. 칠해진 직사각형 ㅁㅂㅅㅇ의 둘레는 몇 cm입니까?

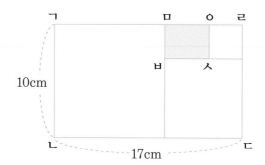

 2 가로, 세로가 각각 13cm, 8cm인 직사각형 모양의 색종이가 있습니다. 이 색종이를 접어 만들 수 있는 가장 큰 정사각형 하나를 오려 내고, 남은 색종이를 접어 또다시 가장 큰 정사각형을 하나 오려 냈습니다. 남은 색종이를 접어 가장 큰 정사각형을 한 번 더 오려 내면, 남은 종이의 둘레는 몇 cm입니까?

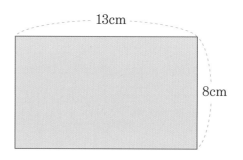

KeyPoint ···○

위의 색종이로 접
어 만들 수 있는
가장 큰 정사각형
은 오른쪽과 같습니다.

3 한 변이 10cm인 정사각형 6개로 다음과 같은 모양을 만들었습니다. 각 도형의 둘레의 길이를 비교하여 둘레의 길이가 긴 순서대로 그 기호를 쓰시오.

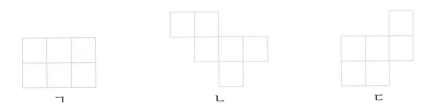

ㄱ   ㄴ   ㄷ

Key **Point**
도형을 이루는 작은 정사각형의 한 변이 몇 개인지 구합니다.

4 다음 모양은 한 변이 5cm인 정사각형 모양의 색종이를 붙여 만든 것입니다. 이 모양의 둘레는 몇 cm입니까?

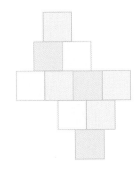

Key **Point**
모양 위에 둘레가 같은 직사각형을 그려 봅니다.

다음 도형의 둘레의 길이를 구하시오.

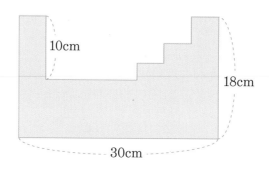

10cm

18cm

30cm

Key Point
둘레가 같은 직사각형으로 바꾼 다음, 안으로 들어간 부분의 길이를 더해 줍니다.

 한 변이 15m인 정사각형 모양의 잔디밭에 폭이 1m로 일정한 길을 만들었습니다. 잔디가 심어진 땅의 넓이를 구하시오.

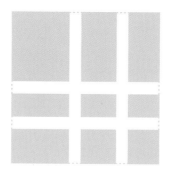

Key Point
길을 제외한 나머지 조각들을 이어 붙입니다.

한 변이 50m인 정사각형 모양의 땅에 길을 만들고, 그림과 같이 칠을 했습니다. 칠해진 땅의 둘레의 길이를 구하시오.

KeyPoint
칠해진 땅의 둘레와 길이가 같은 정사각형을 만들어 봅니다.

 직사각형 모양의 색종이를 점선을 따라 잘랐습니다. 잘린 직사각형 9개의 둘레의 길이의 합을 구하시오.

15cm

12cm

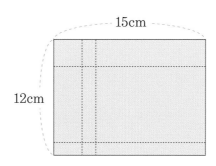

KeyPoint
잘린 9조각을 모두 그리면 오른쪽과 같습니다.

4. 단위넓이

Free **FACTO**

칠해진 사다리꼴은 삼각형 ㄱㄴㄷ의 변 ㄱㄴ과 ㄱㄷ을 삼등분하는 점을 이어 만든 것입니다. 사다리꼴의 넓이가 60일 때, 삼각형 ㄱㄴㄷ의 넓이를 구하시오.

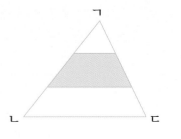

생각의 흐름

1 삼각형 ㄱㄴㄷ을 그림과 같이 작은 삼각형으로 나누고, 작은 삼각형 하나의 넓이를 구합니다.

2 삼각형 ㄱㄴㄷ의 넓이를 구합니다.

칠해진 정사각형의 넓이가 12일 때, 정사각형 ㄱㄴㄷㄹ의 넓이를 구하시오.

○ 작은 직각이등변삼각형으로 나눕니다.

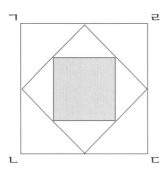

예제 02

다음은 정삼각형 두 개를 겹쳐 만든 모양입니다. 정육각형의 넓이가 10일 때, 칠해지지 않은 부분의 넓이를 구하시오.

◎ 정육각형을 작은 삼각형으로 나눕니다.

LECTURE 단위넓이로 쪼개기

1 부분의 넓이를 이용해 전체의 넓이를 구하는 경우, 넓이를 알 수 있는 단위넓이의 모양으로 전체를 쪼개어 생각합니다.

  ➡

2 단위 모양을 쉽게 알 수 없는 경우 도형을 돌려 봅니다.

  ➡

Free FACTO

서로 합동인 정사각형 두 개를 그림과 같이 겹쳤습니다. 정사각형의 넓이가 8일 때, 겹쳐진 부분의 넓이를 구하시오.

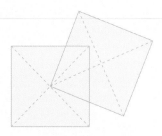

생각의 흐름 **1** 그림과 같이 정사각형의 중심에서 각 변까지 수직인 선분을 그으면 칠해진 두 삼각형은 서로 합동입니다. 그 이유를 설명합니다.

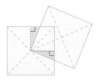

2 겹쳐진 부분의 넓이를 구합니다.

LECTURE 겹쳐진 도형의 넓이

다음은 정사각형의 중심에 다른 정사각형의 한 꼭지점이 오도록 그린 것입니다.

이 때, 겹쳐진 부분의 넓이는 항상 정사각형의 넓이의 $\frac{1}{4}$ 과 같습니다.

서로 합동인 정사각형 2개를 그림과 같이 겹쳤습니다. 겹친 부분의 넓이가 7일 때, 정사각형의 넓이를 구하시오. 단, 점 ㅇ은 정사각형의 중심입니다.

○ 정사각형의 넓이는 겹쳐진 부분의 몇 배인지 생각합니다.

 넓이가 같은 삼각형과 원을 그림과 같이 겹쳤습니다. 겹친 부분을 뺀 나머지 부분을 가, 나라고 할 때, 가와 나의 넓이의 차를 구하시오.

○ 겹친 부분의 넓이를 다라 하면 원의 넓이는 가+다, 삼각형의 넓이는 다+나입니다. 삼각형과 원의 넓이가 서로 같으므로 가+다=다+나입니다.

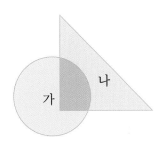

6. 넓이를 반으로 나누기

Free FACTO

다음 |보기|는 넓이를 반으로 나눈 것입니다. 서로 다른 방법으로 넓이를 반으로 나누는 선분을 그어 보시오.

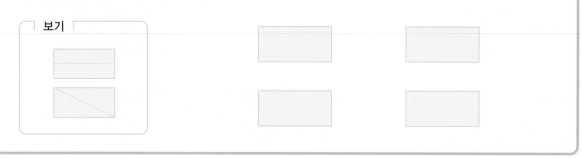

생각의흐름

1 (직사각형의 넓이)=(가로)×(세로)입니다. 따라서 가로와 세로 중 하나를 이등분하면 넓이도 이등분 됩니다.

2 대각선으로 나누어진 직사각형에는 합동인 삼각형이 2쌍 있습니다. 두 대각선의 교점을 지나는 선을 긋고 서로 합동인 삼각형을 모두 찾아봅니다.

LECTURE 평행사변형의 중심을 지나는 이등분선

평행사변형의 두 대각선이 만나는 점을 지나는 선은 항상 평행사변형의 넓이를 반으로 나눕니다.

　　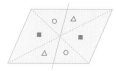　　

그림에서 같은 모양으로 표시된 삼각형은 서로 합동입니다. 따라서 중심을 지나는 선을 기준으로 나누어진 두 부분의 넓이는 항상 같습니다.

예제 01

다음 마름모의 넓이를 이등분하는 서로 다른 선분을 그으시오.

● (마름모의 넓이)=(한 대각선의 길이)×(다른 대각선의 길이)÷2 입니다.

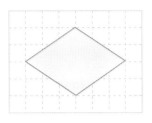
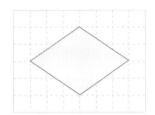

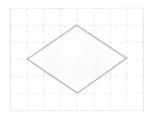
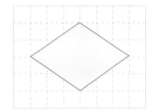

 예제 02

다음은 서로 다른 정사각형 2개를 이어 만든 도형입니다. 이 도형의 넓이를 반으로 나누는 선을 그으시오.

●

 삼각형 ㄹㅁㄷ의 넓이가 1일 때, 삼각형 ㄱㄴㄷ의 넓이를 구하시오. (변 ㄴㄷ은 변 ㅁㄷ의 3배이고, 변 ㄱㄷ은 변 ㄹㄷ의 3배입니다.)

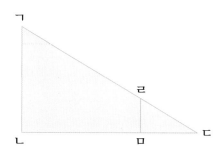

Key Point ·······················○
삼각형 ㄱㄴㄷ을 삼각형 ㄹㅁㄷ 모양으로 나눕니다.

 한 변이 10cm인 정사각형의 대각선을 4등분하는 점을 이어 그림과 같이 정사각형 ㄱㄴㄷㄹ을 만들었습니다. 물음에 답하시오.

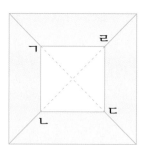

(1) 정사각형 ㄱㄴㄷㄹ의 넓이를 구하시오.

(2) 칠해진 부분의 넓이를 구하시오.

3 서로 합동인 삼각형 두 개를 그림과 같이 겹쳤습니다. 칠해진 부분의 넓이를 구하시오.

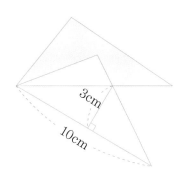

Key Point
합동인 두 도형의 겹치고 남은 부분의 넓이는 서로 같습니다.

4 다음은 서로 합동인 평행사변형 두 개를 겹쳐 만든 도형입니다. 이 도형의 넓이가 $49cm^2$일 때, 평행사변형 하나의 넓이를 구하시오.

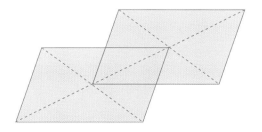

Key Point
겹친 부분의 넓이를 □라 할 때, 도형의 넓이를 □를 사용한 식으로 나타냅니다.

넓이가 같은 정사각형과 정삼각형을 그림과 같이 겹쳤습니다. 두 도형의 겹쳐진 부분의 넓이가 $10cm^2$일 때, 겹쳐지지 않은 나머지 부분의 넓이의 합을 구하시오.

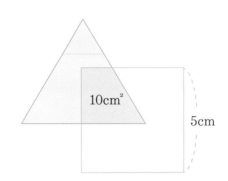

KeyPoint ·····················○
넓이가 같은 두 도형을 겹칠 때, 겹쳐지지 않은 부분의 넓이는 서로 같습니다.

 정육각형의 변의 중심을 이어 작은 정육각형을 만들었습니다. 칠해진 부분의 넓이의 합이 $24cm^2$일 때, 작은 정육각형의 넓이를 구하시오.

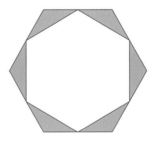

KeyPoint ·····················○

응용 **7** 점 ㄱ을 지나고, 도형의 넓이를 반으로 나누는 선을 그으려고 합니다.

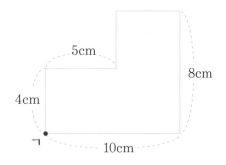

(1) 도형의 넓이는 몇 cm²입니까?

(2) 점 ㄱ을 지나는 선으로 나누어진 넓이가 같은 두 도형의 넓이는 얼마입니까?

(3) 점 ㄱ을 지나는 선분 아래에 생긴 삼각형의 넓이가 (2)에서 구한 값이 되도록 선을 긋고, 그 방법을 설명하시오.

Key Point

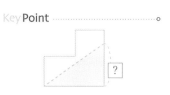

 다음은 정사각형 모양의 색종이 8장을 이어 붙여 만든 직사각형입니다. 가장 작은 정사각형의 둘레가 48cm일 때, 칠해진 정사각형의 한 변의 길이를 구하려고 합니다.

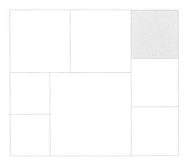

(1) 가장 작은 정사각형의 한 변의 길이를 구하시오.

(2) 가장 큰 정사각형의 한 변의 길이를 구하시오.

(3) 칠해진 정사각형의 한 변의 길이를 구하시오.

일정한 규칙으로 정사각형을 그려 새로운 직사각형을 만듭니다. 규칙을 찾아 6단계 직사각형의 둘레를 구하려고 합니다.

1단계   2단계   3단계   4단계

(1) 1단계 직사각형의 둘레가 4cm, 2단계 직사각형의 둘레가 6cm일 때, 3단계, 4단계 직사각형의 둘레의 길이를 각각 구하시오.

(2) 5단계의 직사각형을 그리고, 그 둘레의 길이를 구하시오.

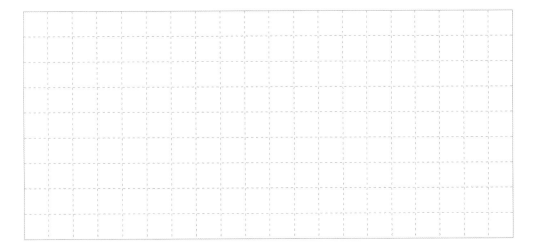

(3) 단계가 늘어날수록 둘레의 길이가 어떻게 변하는지 규칙을 찾아 설명하고, 6단계 직사각형의 둘레의 길이를 구하시오.

삼각형 ㄱㄴㄷ의 내부에 서로 다른 정사각형을 그렸습니다. 정사각형 가의 넓이가 18일 때, 정사각형 나의 넓이를 구하시오.

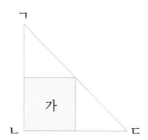

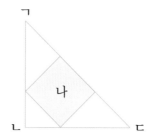

 정사각형의 중심에 이웃하는 정사각형의 꼭지점이 오도록 정사각형을 그립니다. 한 변의 길이가 8cm인 정사각형 8개를 그림과 같이 그려 만든 도형의 넓이를 구하시오.

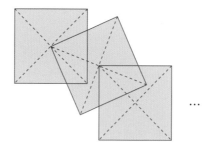

사각형 ㄱㄴㄷㄹ과 ㄴㅁㅂㄹ은 모두 직사각형입니다. 직사각형 ㄱㄴㄷㄹ의 넓이가 70일 때, 직사각형 ㄴㅁㅂㄹ의 넓이를 구하려고 합니다. 물음에 답하시오.

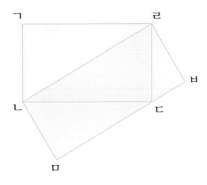

(1) 두 직사각형이 겹쳐서 생긴 직각삼각형 ㄴㄷㄹ의 넓이를 구하시오.

(2) 직각삼각형 ㄴㄷㄹ을 작은 직각삼각형 2개로 나누었습니다. 직각삼각형 ㉠, ㉡ 과 넓이가 같은 삼각형을 찾아 각각 ㉠, ㉡으로 표시하시오.

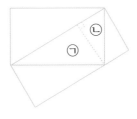

(3) 직사각형 ㄴㅁㅂㄹ의 넓이를 구하시오.

Memo

팩토 Lv.5 - 실전 A

총괄평가

정답 및 풀이

매스티안

1 • (두 자리 수) × (두 자리 수)의 곱셈식

클 때: 십의 자리에 먼저 큰 수 6, 5를 쓰고 ㉠과 ㉡에
나머지 2, 3을 놓습니다. 2, 3을 넣을 때는 3이
더 큰 수에 곱해져야 곱이 커지므로 6에 곱해지
도록 ㉡에 씁니다.

		6	2
	×	5	3
	3	2	8	6

| | | | 6 | ㉠ |
| | | × | 5 | ㉡ |

작을 때: 클 때와 반대로 생각하면 되므로 더 작은 수가
3에 곱해지도록 하면 됩니다. 따라서 6, 5 중
5를 ㉠에 씁니다.

		2	5
	×	3	6
	9	0	0

| | | | 2 | ㉠ |
| | | × | 3 | ㉡ |

• (세 자리 수) × (한 자리 수)의 곱셈식

클 때: × | | 5 | 3 | 2 | 작을 때: × | | 3 | 5 | 2 |
 | | | 6 | | | | | 2 |
 | 3 | 1 | 9 | 2 | | 7 | 1 | 2 |

답 3286, 712

2 뺄셈식을 덧셈식으로 바꾸어 해결합니다. 십의 자리의 숫
자 ⓐ와 ⓒ는 더해서 19가 될 수 없으므로 18이 되어야
합니다. 따라서 일의 자리의 숫자 ⓑ와 ⓓ를 더하면 11
이 되어야 합니다. 따라서 □ 안에 들어갈 숫자의 합은
18+11=29입니다.

	1	9	1
−	ⓐ	ⓑ	
	ⓒ	ⓓ	

ⓐ	ⓑ
ⓒ	ⓓ
+	1	9	1

답 29

3

답 예

4

답 예

5 • 둘레가 가장 길 때

전개도의 가로: 10 cm, 세로: 8 cm
둘레는 (10+8)×2=36(cm)입니다.

• 둘레가 가장 짧을 때

예

전개도의 가로: 8 cm, 세로: 7 cm
둘레는 (8+7)×2=30(cm)입니다.

답 36, 30

6 완성된 모양의 파란색 정육면체는 6개, 흰색 정육면체는
5개입니다. ①과 ②의 파란색은 모두 4개이므로 남은 색은
파란색 2개, 흰색 1개입니다. 파란색 2개가 이웃하지 않
도록 파란색을 칠합니다.

답

7 마주 보는 두 수의 곱은 72입니다.
㉠×24=72 → ㉠=3
㉡×6=72 → ㉡=12

답 3, 12

8 9♠=84
(9+□)×2+□×4=84
18+□×2+□×4=84
18+□×6=84
□×6=66
□=11

답 11

9 가장 작은 정사각형의 한 변의 길이를 □라 하면 각 변의 길
이는 다음과 같습니다.

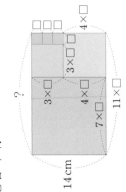

14 cm

7×□=14이므로 □=2입니다.
따라서 직사각형의 가로는 11×2=22(cm)입니다.

답 22

10 색칠된 두 삼각형에서 각ㄱㄴㄷ=각ㄱㄷㄴ=90°입니다.
또, 각ㄴㄱㄷ=각ㄷㄱㅁ+각ㄷㄱㄹ=90°이므로
로 각ㄴㄱㄷ=각ㄷㄱㅁ입니다.
색칠된 두 삼각형은 선분ㄱㄷ과 선분ㄱㅁ의 길이가 같으므
로, 각 변의 길이가 같아서 합동입니다. 따라서 두 정
사각형이 겹쳐진 부분의 넓이는 정사각형 1개 넓이의 $\frac{1}{4}$로
12÷4=3입니다.

답 3

총괄 평가

팩토 Lv.5 - 실전 A

메스티안

9 세로가 14 cm인 직사각형을 그림과 같이 나누었더니 모두 정사각형이 되었습니다. 직사각형의 가로는 몇 cm 인지 구하시오.

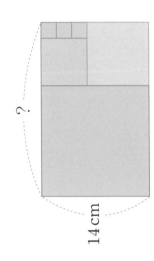

14 cm

답 _____ cm

10 서로 합동인 정사각형 두 개를 그림과 같이 겹쳤습니다. 정사각형의 넓이가 12일 때, 겹쳐진 부분의 넓이를 구하시오.

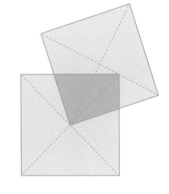

답 _____

수고하셨습니다.

총괄평가

7 일정한 규칙을 찾아 ㉠, ㉡에 들어갈 알맞은 수를 구하시오.

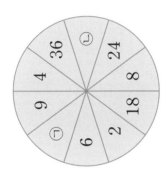

답 ㉠ : , ㉡ :

8 가♣나=(가+나)×2+나×4라고 할 때, □가 나타내는 값은 얼마인지 구하시오.

$$9 \clubsuit \square = 84$$

답

총괄평가

4 정사각형 5개로 이루어진 다음 도형을 모양과 크기가 같은 4조각으로 나누시오.

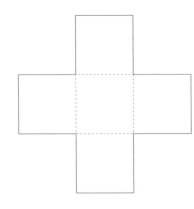

5 한 변이 2cm인 정사각형 모양의 색종이 2장과 두 변이 각각 2cm, 3cm인 직사각형 모양의 색종이 4장이 있습니다. 6장을 모두 이어 붙여 직육면체의 전개도를 만들려고 합니다. 둘레가 가장 길 때와 가장 짧을 때의 길이를 각각 구하시오.

답 가장 길 때 : _____ cm, 가장 짧을 때 : _____ cm

6 왼쪽 소마큐브 세 조각으로 오른쪽 모양을 만들 수 있도록 조각 ③을 색칠하시오.

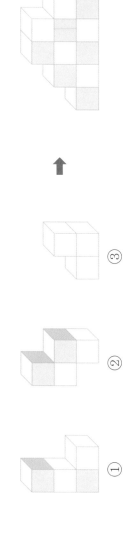

①   ②   ③

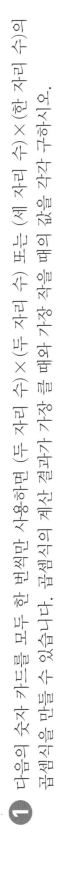

총괄평가

1 다음의 숫자 카드를 모두 한 번씩만 사용하면 (두 자리 수)×(두 자리 수) 또는 (세 자리 수)×(한 자리 수)의 곱셈식을 만들 수 있습니다. 곱셈식의 계산 결과가 가장 클 때와 가장 작을 때의 값을 각각 구하시오.

3	6	5	2

답 가장 클 때의 값 : _____ , 가장 작을 때의 값 : _____

2 다음 뺄셈식에서 ⓐ, ⓑ, ⓒ, ⓓ의 합을 구하시오.

$$
\begin{array}{ccc}
 & 1 & 9 & 1 \\
- & & & \\
\hline
\end{array}
$$

ⓐ	ⓑ
ⓒ	ⓓ

답 _____

3 다음 펜토미노 5조각을 5×5 정사각형에 채우려고 합니다. 조각을 그려 넣으시오.

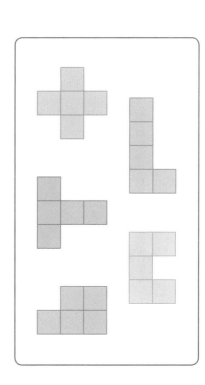

창의사고력 초등 수학 **팩토**

팩토 Lv.5 – 실전 A

총괄 평가

권장 시험 시간	50분

유 의 사 항

- 총 문항 수(10문항)를 확인해 주세요.
- 권장 시험 시간(50분) 안에 문제를 풀어 주세요.
- 부분 점수가 있는 문제들이 있습니다. 끝까지 포기하지 말고 최선을 다해 주세요.

시험일시   년   월   일

이   름

 메스티안

팩토 Lv.5 - 실전 A

총괄평가
정답 및 풀이

메스티안

총괄평가 해답

1 · (두 자리 수)×(두 자리 수)의 곱셈식

클 때: 십의 자리에 먼저 큰 수 6, 5를 쓰고 ⊙과 ⓛ에
나머지 2, 3을 넣습니다. 2, 3을 넣을 때는 3이
더 큰 수에 곱해져야 곱이 커지므로 6에 곱해지
도록 ⓛ에 씁니다.

클 때:
$$\begin{array}{r} 6\ 2 \\ \times\ 5\ 3 \\ \hline 3\ 2\ 8\ 6 \end{array}$$

작을 때: 클 때와 반대로 생각하면 됩니다. 따라서 6, 5 중
3에 곱해지도록 ⊙에 씁니다. 따라서 6, 5 중
5를 ⊙에 씁니다.

작을 때:
$$\begin{array}{r} 2\ 5 \\ \times\ 3\ 6 \\ \hline 9\ 0\ 0 \end{array}$$

· (세 자리 수)×(한 자리 수)의 곱셈식

클 때:
$$\begin{array}{r} 5\ 3\ 2 \\ \times\quad\ 6 \\ \hline 3\ 1\ 9\ 2 \end{array}$$
작을 때:
$$\begin{array}{r} 3\ 5\ 6 \\ \times\quad\ 2 \\ \hline 7\ 1\ 2 \end{array}$$

답 3286, 712

2 · 뺄셈식을 덧셈식으로 바꾸어 해결합니다. 십의 자리의 숫
자 ⓐ와 ⓒ는 더해서 19가 될 수 없으므로 18이 되어야
합니다. 따라서 일의 자리의 숫자 ⓑ와 ⓓ를 더하면 11
이 되어야 합니다. 따라서 □ 안에 들어갈 숫자의 합은
18+11=29입니다.

$$\begin{array}{r} 1\ 9\ 1 \\ -\ \boxed{ⓐ}\ \boxed{ⓑ} \\ \hline \boxed{ⓒ}\ \boxed{ⓓ} \end{array}$$
→
$$\begin{array}{r} \boxed{ⓐ}\ \boxed{ⓑ} \\ +\ \boxed{ⓒ}\ \boxed{ⓓ} \\ \hline 1\ 9\ 1 \end{array}$$

답 29

3
예

4 예

5 · 둘레가 가장 길 때
예

전개도의 가로: 10cm, 세로: 8cm
둘레는 (10+8)×2=36(cm)입니다.

· 둘레가 가장 짧을 때
예

전개도의 가로: 8cm, 세로: 7cm
둘레는 (8+7)×2=30(cm)입니다.

답 36, 30

6 완성된 모양의 파란색 정육면체는 6개, 흰색 정육면체는
5개입니다. ①과 ②의 파란색은 모두 4개이므로 남은 색은
파란색 2개, 흰색 1개입니다. 파란색 2개가 이웃하지 않
도록 파란색을 칠합니다.

답

7 마주 보는 두 수의 곱은 72입니다.
⊙×24=72 → ⊙=3
ⓛ×6=72 → ⓛ=12

답 3, 12

8 9♣=84
(9+□)×2+□×4=84
18+□×2+□×4=84
18+□×6=84
□×6=66
□=11

답 11

9 가장 작은 정사각형의 한 변의 길이를 □라 하면 각 변의 길
이는 다음과 같습니다.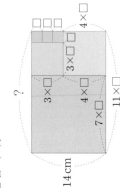

7×□=14이므로 □=2입니다.
따라서 직사각형의 가로는 11×2=22(cm)입니다.

답 22

10 색칠된 두 삼각형에서 각ㄱㄴㄷ=각ㄱㄹㅁ=90°입니다.
또, 각ㄴㄱㄷ+각ㄷㄱㄹ=각ㄷㄱㄹ+각ㄹㄱㅁ=90°이므
로 각ㄴㄱㄷ=각ㄹㄱㅁ입니다.
색칠된 두 삼각형은 선분ㄱㄷ과 선분ㄱㅁ의 길이가 같으므
로, 한 변과 양끝의 각이 같아서 합동입니다. 따라서 두 정
사각형이 겹쳐진 부분의 넓이는 정사각형 1개 넓이의 $\frac{1}{4}$로
12÷4=3입니다.

답 3

총괄평가

맨토 Lv.5 - 실전 A

메스티안

총괄평가

9 세로가 14 cm인 직사각형을 그림과 같이 나누었더니 모두 정사각형이 되었습니다. 직사각형의 가로는 몇 cm 인지 구하시오.

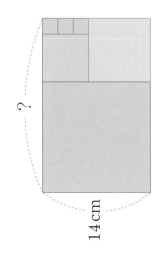

14 cm

?

답 _____ cm

10 서로 합동인 정사각형 두 개를 그림과 같이 겹쳤습니다. 정사각형의 넓이가 12일 때, 겹쳐진 부분의 넓이를 구하시오.

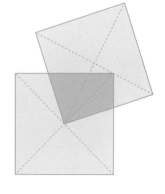

답 _____

수고하셨습니다.

영재학급, 영재교육원, 경시대회 준비를 위한

창의사고력

초등

수학

팩토

바른 답
바른 풀이

Lv.5

응용 A

매스티안

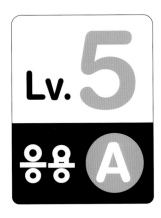

바 른 답 · 바 른 풀 이

1 연산감각

 1. 여러 가지 곱셈 방법 **P.8**

Free FACTO

[풀이] $\underline{42 \times 13}$

42	1	∨
84	2	
168	4	∨
336	8	∨

                 13＝1＋4＋8이므로

42×13은 42＋168＋336＝546

[답] 546

 [풀이] $\underline{32 \times 23}$

32	1	∨
64	2	∨
128	4	∨
256	8	
512	16	∨

               23＝1＋2＋4＋16이므로

해당되는 왼쪽의 수를 모두 더하면 32＋64＋128＋512＝736

[답] 736

 [풀이] 곱하는 수의 일의 자리 숫자가 3과 7, 계산 결과의 왼쪽 끝의 두 자리수는 항상 21입니다.

$$3 \times 7 = 21$$
$$\underline{1}3 \times \underline{1}7 = \underline{2}21$$
$$\underline{2}3 \times \underline{2}7 = \underline{6}21$$
$$\underline{3}3 \times \underline{3}7 = \underline{12}21$$
$$\underline{4}3 \times \underline{4}7 = \underline{20}21$$
$$\vdots$$
$$\underline{99}3 \times \underline{99}7 = \underline{9900}21$$

밑줄 친 부분의 규칙을 찾아보면

$$\underline{1} \times (\underline{1}+1) = 2 \rightarrow \underline{2}21$$
$$\underline{2} \times (\underline{2}+1) = 6 \rightarrow \underline{6}21$$
$$\underline{3} \times (\underline{3}+1) = 12 \rightarrow \underline{12}21$$
$$\vdots$$
$$\underline{99} \times (\underline{99}+1) = 9900 \rightarrow \underline{9900}21$$

따라서 문제의 답은

9993×9997에서 999×(999+1)=999000이므로 9993×9997=99900021

[답] 99900021

 2. 나올 수 없는 합 ·· P.10

Free FACTO

[풀이] 12+13+14+20+21+22의 합은 홀수와 짝수를 각각 짝수번 더했기 때문에 그 결과가 항상 짝수가 나옵니다. 또, 합을 구할 때 12+13+14+20+21+22에서 가운데 두 수 (14+20)의 합을 3번 더하면 됩니다.

[(14+20), (13+21), (12+22)의 값이 항상 34가 되기 때문에]

따라서 6개의 수의 합은 짝수이면서 3의 배수이므로 6의 배수입니다. 195는 6의 배수가 아니기 때문에 나올 수 없는 합입니다.

[답] ③

 [풀이] 그림과 같은 모양의 세 수의 합은 가운데 수의 3배와 같습니다. 따라서 보기의 수들을 3으로 나누면 가운데 수를 구할 수 있습니다.

① 108÷3=36　　　② 144÷3=48　　　③ 207÷3=69

④ 234÷3=78　　　⑤ 285÷3=95

그런데, 위에서 구한 가운데 수가 수 배열표의 가장 오른쪽이나, 가장 왼쪽에 위치할 경우 그림과 같은 모양으로 세 수를 더할 수 없습니다. 가장 왼쪽의 수들은 8로 나누면 나머지가 1이고, 가장 오른쪽의 수들은 8로 나누면 나머지가 0입니다. 따라서 가운데 수를 8로 나누었을 때, 나머지가 0이거나 1이면 세 수의 합이 될 수 없습니다. 보기에서 구한 가운데 수들을 8로 나누어 보면

① 36÷8=4…4　　　② 48÷8=6…0　　　③ 69÷8=8…5

④ 78÷8=9…6　　　⑤ 95÷8=11…7

따라서 48은 가장 오른쪽에 있는 수이므로 가운데 수가 될 수 없습니다.

[답] ②

 [풀이] 아래 모퉁이에 있는 두 수 중에서 작은 수를 □라 하면 큰 수는 □+12입니다. 따라서 네 모퉁이에 있는 네 수의 합은

1+13+□+(□+12)=314이고, 2×□=288이므로 □=144입니다.

네 수 중 가장 큰 수는 □+12=144+12=156입니다.

[답] 156

Free FACTO

[풀이] 세 자리 수를 써 보면

123 124 132 134 142 143

213 214 231 234 241 243

312 314 321 324 341 342

412 413 421 423 431 432

위에서 보면 1, 2, 3, 4는 백의 자리, 십의 자리, 일의 자리에 각각 6번씩 쓰였습니다.

따라서 각 자리 수를 따로 더해 보면

백의 자리 : $(1+2+3+4) \times 100 \times 6 = 6000$

십의 자리 : $(1+2+3+4) \times 10 \times 6 = 600$

일의 자리 : $(1+2+3+4) \times 1 \times 6 = 60$

➡ $6000+600+60 = 6660$

[답] 6660

[풀이] 세 자리 짝수가 되려면 일의 자리에 0, 2가 와야 합니다.

0, 1, 2, 3을 중복해서 사용해도 되므로 나뭇가지 그림을 그려 보면

$$
1 \begin{cases} 0 < \begin{matrix} 0 \\ 2 \end{matrix} \\ 1 < \begin{matrix} 0 \\ 2 \end{matrix} \\ 2 < \begin{matrix} 0 \\ 2 \end{matrix} \\ 3 < \begin{matrix} 0 \\ 2 \end{matrix} \end{cases}
\qquad
2 \begin{cases} 0 < \begin{matrix} 0 \\ 2 \end{matrix} \\ 1 < \begin{matrix} 0 \\ 2 \end{matrix} \\ 2 < \begin{matrix} 0 \\ 2 \end{matrix} \\ 3 < \begin{matrix} 0 \\ 2 \end{matrix} \end{cases}
\qquad
3 \begin{cases} 0 < \begin{matrix} 0 \\ 2 \end{matrix} \\ 1 < \begin{matrix} 0 \\ 2 \end{matrix} \\ 2 < \begin{matrix} 0 \\ 2 \end{matrix} \\ 3 < \begin{matrix} 0 \\ 2 \end{matrix} \end{cases}
$$

1, 2, 3은 백의 자리에 모두 8번씩 쓰였고, 십의 자리에는 6번씩 쓰였으므로

백의 자리 : $(1+2+3) \times 100 \times 8 = 4800$

십의 자리 : $(1+2+3) \times 10 \times 6 = 360$

일의 자리에는 0, 2만 사용되었고 0은 수의 합에 영향을 주지 않으므로 2의 개수만 계산하면 됩니다.

2는 총 12번 사용되었습니다.

일의 자리 : $2 \times 12 = 24$

따라서 만들 수 있는 세 자리 짝수의 합은

$4800+360+24 = 5184$

[답] 5184

[풀이] 만들 수 있는 수는 모두 $4 \times 3 \times 2 \times 1 = 24$(개)이고, 각 수마다 1, 2, 3, 4가 한 번씩만 사용되어야 합니다.

$$1 \Bigg\langle \begin{matrix} 2 < \begin{matrix} 3-4 \\ 4-3 \end{matrix} \\ 3 < \begin{matrix} 2-4 \\ 4-2 \end{matrix} \\ 4 < \begin{matrix} 2-3 \\ 3-2 \end{matrix} \end{matrix} \qquad 2 \Bigg\langle \begin{matrix} 1 < \begin{matrix} 3-4 \\ 4-3 \end{matrix} \\ 3 < \begin{matrix} 1-4 \\ 4-1 \end{matrix} \\ 4 < \begin{matrix} 1-3 \\ 3-1 \end{matrix} \end{matrix} \qquad 3 \Bigg\langle \begin{matrix} 1 < \begin{matrix} 2-4 \\ 4-2 \end{matrix} \\ 2 < \begin{matrix} 1-4 \\ 4-1 \end{matrix} \\ 4 < \begin{matrix} 1-2 \\ 2-1 \end{matrix} \end{matrix} \qquad 4 \Bigg\langle \begin{matrix} 1 < \begin{matrix} 2-3 \\ 3-2 \end{matrix} \\ 2 < \begin{matrix} 1-3 \\ 3-1 \end{matrix} \\ 3 < \begin{matrix} 1-2 \\ 2-1 \end{matrix} \end{matrix}$$

6가지   6가지   6가지   6가지

한 번씩 써서 네 자리 수를 만들어야 하기 때문에 천, 백, 십, 일의 자리에 사용될 1, 2, 3, 4의 개수는 $24 \div 4 = 6$(개)입니다.

천의 자리 수의 합 : $(1+2+3+4) \times 1000 \times 6 = 60000$

백의 자리 수의 합 : $(1+2+3+4) \times 100 \times 6 = 6000$

십의 자리 수의 합 : $(1+2+3+4) \times 10 \times 6 = 600$

일의 자리 수의 합 : $(1+2+3+4) \times 1 \times 6 = 60$

➡ $60000 + 6000 + 600 + 60 = 66660$

[답] 66660

Creative 팩토
P.14

[풀이] (1) 54×29 (2) 76×38

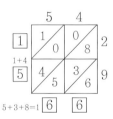

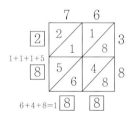

[답] (1) $54 \times 29 = 1566$ (2) $76 \times 38 = 2888$

P.15

[풀이] 곱하는 수의 1의 개수가 계산 결과의 가운데 숫자가 되고 양쪽으로 1개씩 줄어드는 숫자를 써야 합니다.

1111111×1111111에서 1의 개수는 7개이므로 계산 결과는

1234567654321입니다.

[답] 1234567654321

3 **[풀이]** 수를 모두 써 보면 11에서 시작해 2씩 커지는 수들입니다.

11, 13, 15, 17, ⋯, ☐

11을 이용해서 다시 정리하면

11, (11+2), (11+2+2), (11+2+2+2), ⋯⋯, $\underbrace{(11+2+2+\cdots+2)}_{19개}$

→ 11, (11+2), (11+2×2), (11+2×3), ⋯⋯, (11+2×19)

모두 더하면

$11×20+(2+2×2+2×3+\cdots+2×19)$

$=11×20+2×\underline{(1+2+3+\cdots+19)}$ $1 + 2 + 3 + \cdots + 17 + 18 + 19$

$=220+2×190$ +) $19 + 18 + 17 + \cdots + 3 + 2 + 1$

$=220+380$ $\underbrace{20 + 20 + 20 + \cdots + 20 + 20 + 20}_{19개}$ ➡ $20×19÷2=190$

$=600$

[답] 600

[별해]

11부터 시작해서 2씩 커지는 수가 20개이므로 첫 수는 11이고, 끝수는 11에서 2씩 19번 커진 수인
11+(2×19)=49입니다.

20개의 수의 합은 {(첫수)+(끝수)}×(개수)÷2이므로
(11+49)×20÷2=600으로도 풀 수 있습니다.

··· **P.16**

4 **[풀이]** 가운데 수를 ☐ 라고 하고 다시 써 보면

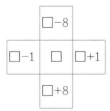

이고 모두 더하면

(☐−8)+(☐−1)+☐+(☐+1)+(☐+8)=☐+☐+☐+☐+☐=☐×5입니다.

따라서 각각의 가운데 수를 찾아보면

① 50÷5=10   ② 75÷5=15   ③ 110÷5=22

④ 120÷5=24   ⑤ 155÷5=31

④번의 24는 표의 가장자리에 있는 수이므로 가운데 수가 될 수 없습니다.

[답] ④

5 [풀이] 세 장의 숫자 카드로 만들 수 있는 세 자리 수의 개수는 6개이고 각 숫자 카드는 백, 십, 일의 자리에 각각 2번씩 쓰입니다. 세 수의 합을 □라고 하면

백 : □×100×2

십 : □×10×2 } 각 자리 수의 합을 이런 식으로 나타낼 수 있습니다.

일 : □×1×2

모두 더하면

(□×100×2)+(□×10×2)+(□×1×2)이고 이 결과의 값이 2664입니다.

식을 정리해 보면

$200×□+20×□+2×□=2664$

$222×□=2664$

$□=2664÷222$

$□=12$

따라서 합은 12입니다.

[답] 12

P.17

6 [풀이] 3의 배수는 각 자리의 숫자의 합이 3의 배수여야 합니다.

합이 3의 배수가 되는 세 숫자를 찾아보면 (1, 2, 3) , (2, 3, 4) 두 가지입니다.

① (1, 2, 3)으로 만들 수 있는 세 자리의 수는 6개이고, 각 자리마다 2번씩 숫자가 쓰였으므로

$\underbrace{(1+2+3)×100×2}_{\text{백의 자리 수의 합}}+\underbrace{(1+2+3)×10×2}_{\text{십의 자리 수의 합}}+\underbrace{(1+2+3)×1×2}_{\text{일의 자리 수의 합}}=1200+120+12$
$=1332$

② (2, 3, 4)도 마찬가지로 각 자리에 2번씩 쓰였으므로

$\underbrace{(2+3+4)×100×2}_{\text{백의 자리 수의 합}}+\underbrace{(2+3+4)×10×2}_{\text{십의 자리 수의 합}}+\underbrace{(2+3+4)×1×2}_{\text{일의 자리 수의 합}}=1800+180+18$
$=1998$

따라서 3의 배수인 세 자리 수의 합은

$1332+1998=3330$

[답] 3330

7 [풀이] 결과를 살펴보면 맨 앞자리는 항상 2이고 일의 자리는 7인 것을 알 수 있습니다.

또, 결과의 9의 개수보다 곱셈식의 9의 개수가 1개 적은 것을 알 수 있습니다.

따라서

$3×\underbrace{99999999}_{\text{8개}}=\underbrace{299999997}_{\text{7개}}$

[답] 299999997

Free FACTO

[풀이] (1) (두 자리 수)×(두 자리 수)의 곱셈식

클 때 :
$$\begin{array}{r} \boxed{5}\boxed{\ominus} \\ \times \boxed{4}\boxed{\bigcirc} \end{array}$$
십의 자리에 먼저 큰 숫자를 쓰고 ㉠과 ㉡에 나머지 2, 3을 넣습니다.
2, 3을 넣을 때는 3이 더 큰 수에 곱해져야 곱이 커지므로 5에 곱해지도록 ㉡에 씁니다.

➡
$$\begin{array}{r} 5\,2 \\ \times 4\,3 \\ \hline 2\,2\,3\,6 \end{array}$$

작을 때 :
$$\begin{array}{r} \boxed{2}\boxed{\ominus} \\ \times \boxed{3}\boxed{\bigcirc} \end{array}$$
클 때와 반대로 생각하면 되므로 더 작은 수가 3에 곱해지도록 하면 됩니다. 따라서 5, 4 중 4를 ㉠에 씁니다.

➡
$$\begin{array}{r} 2\,4 \\ \times 3\,5 \\ \hline 8\,4\,0 \end{array}$$

(2) (세 자리 수)×(한 자리 수)의 곱셈식

클 때 :
$$\begin{array}{r} \boxed{4}\boxed{3}\boxed{2} \\ \times \quad\;\; \boxed{5} \\ \hline 2\;1\;6\;0 \end{array}$$
작을 때 :
$$\begin{array}{r} \boxed{3}\boxed{4}\boxed{5} \\ \times \quad\;\; \boxed{2} \\ \hline 6\;9\;0 \end{array}$$

[답] 가장 클 때 : 2236, 가장 작을 때 : 690

[풀이] 몫이 가장 작으려면 세 자리의 수를 가장 작게, 두 자리 수를 가장 크게 만들어 나누어야 합니다.

즉, 345÷76=4…41

[답] 몫 → 4, 나머지 → 41

[풀이] 만들 수 있는 두 자리 수는 56, 58, 65, 68, 85, 86입니다.

각각의 두 자리 수를 남은 수로 나누어 보면

56÷8=7,　　　　58÷6=9…4,　　65÷8=8…1

68÷5=13…3,　　85÷6=14…1,　　86÷5=17…1

이므로 나머지가 가장 클 때는 4일 때입니다.

[답] 4

 **5. 포포즈** ·· P.20

Free FACTO

[풀이] 1, 2로 만들 수 있는 수와 3, 4로 만들 수 있는 수를 먼저 적어 봅니다.

1, 2로 만들 수 있는 수 : $1+2=3$, $2-1=1$, $1\times2=2$, $2\div1=2$, 12, 21

　　　　　　　 → 1, 2, 3, 12, 21

3, 4로 만들 수 있는 수 : $3+4=7$, $4-3=1$, $3\times4=12$, 34, 43

　　　　　　　 → 1, 7, 12, 34, 43

위 식을 이용하여 1~8을 만들면

$1=(2-1)\times(4-3)$　　　　　$5=3+4-1\times2$

$2=2-1+4-3$　　　　　　　$6=3+4-(2-1)$

$3=1\times2+4-3$　　　　　　$7=(3+4)\times(2-1)$

$4=1+2+4-3$　　　　　　　$8=3+4+2-1$

이외에도 여러 가지 방법이 있습니다.

 [풀이] $(6\div6)+(6\div6)=2$　　　　　$6\times(6-6)+6=6$

　　　　　$(6+6+6)\div6=3$　　　　　　$(6\times6+6)\div6=7$

　　　　　$6-(6+6)\div6=4$　　　　　　$(6+6)\div6+6=8$

　　　　　$(6\times6-6)\div6=5$

 [풀이] $76\div4+5=24$

　　　　　$(7-6+5)\times4=24$

　　　　　$(7+5)\times(6-4)=24$

 6. 복면산과 벌레먹은셈 ·· P.22

Free FACTO

[풀이]　　　A　B

　　　　 ×　B　A

　　　────────

　　　　　□□　4

　　　　□　4　4

　　　────────

　　　　□□□　4

왼쪽 식에서 B×B는 일의 자리가 4임을 알 수 있습니다. 따라서 B=2, 8이 될 수 있으므로 B가 2일 때부터 생각해 봅니다.

① B=2일 때

　　　　　A　2

　　　　 ×　2　A

　　　────────

　　　　　□□　4

　　　　□　4　4

　　　────────

　　　　□□□　4

2×A의 일의 자리 숫자가 4이므로 A=2, 7이 될 수 있습니다. 같은 문자는 같은 숫자, 다른 문자는 다른 숫자를 나타내므로 A=7이 됩니다. 숫자를 넣어 식을 완성해 보면

$$\begin{array}{r} 7\ 2 \\ \times\ 2\ 7 \\ \hline \boxed{5}\ \boxed{0}\ 4 \\ \boxed{1}\ 4\ 4 \\ \hline \boxed{1}\ \boxed{9}\ \boxed{4}\ 4 \end{array}$$

② B=8일 때

$$\begin{array}{r} 3\ 8 \\ \times\ 8\ 3 \\ \hline \boxed{1}\ \boxed{1}\ 4 \\ \boxed{3}\ \boxed{0}\ 4 \end{array}$$

8×A의 일의 자리 숫자가 4이므로 A=3, 8이 될 수 있습니다.
A=3이면, 조건에 맞지 않습니다.

A=8이면 B와 같은 숫자이기 때문에 쓸 수 없습니다.
따라서 B=8일 때는 식이 성립하지 않습니다.

[답] A=7, B=2

[풀이]

$$\begin{array}{r} A\ A\ A \\ B\ B\ B \\ +\ C\ C\ C \\ \hline B\ A\ A\ C \end{array}$$

일의 자리에서 A+B+C의 일의 자리가 C이므로 A+B=10입니다. 백의 자리 A+B+C에서 A+B=10이므로 답 BAAC의 천의 자리인 B에 받아올림이 되어진 것을 알 수 있습니다. 따라서 B의 값은 백의 자리에서 받아올림이 1, 2가 될 수 있으므로 B=1, 2가 될 수 있습니다. B가 1일 때와 2일 때를 나누어서 생각해 보면

① B=1이면 A=9

$$\begin{array}{r} 9\ 9\ 9 \\ 1\ 1\ 1 \\ +\ C\ C\ C \\ \hline 1\ 9\ 9\ C \end{array} \Rightarrow \begin{array}{r} 9\ 9\ 9 \\ 1\ 1\ 1 \\ +\ 8\ 8\ 8 \\ \hline 1\ 9\ 9\ 8 \end{array}$$

② B=2이면 A=8

$$\begin{array}{r} 8\ 8\ 8 \\ 2\ 2\ 2 \\ +\ C\ C\ C \\ \hline 2\ 8\ 8\ C \end{array} \Rightarrow \begin{array}{r} 8\ 8\ 8 \\ 2\ 2\ 2 \\ +\ 9\ 9\ 9 \\ \hline 2\ 8\ 8\ 9 \end{array}$$ 성립하지 않습니다.

[답] A : 9, B : 1, C : 8

[풀이]

$$\begin{array}{r} 2\ \boxed{\bigcirc} \\ \times\ \boxed{\bigcirc}\ 8 \\ \hline 2\ 1\ 6 \\ 2\ 1\ \boxed{\bigcirc} \\ \hline \boxed{\bigcirc}\boxed{\bigcirc}\boxed{\bigcirc}\boxed{\bigcirc} \end{array}$$

2㉠×8=216이므로 ㉠=7
㉣=2, ㉦=6
27×㉡=21㉢이므로 ㉡=8, ㉢=6, ㉤=3, ㉥=7

[답]

$$\begin{array}{r} 2\ \boxed{7} \\ \times\ \boxed{8}\ 8 \\ \hline 2\ 1\ 6 \\ 2\ 1\ \boxed{6} \\ \hline \boxed{2}\ \boxed{3}\ \boxed{7}\ \boxed{6} \end{array}$$

Creative 팩토

P.24

 1 [풀이] 곱이 가장 클 때 : 십의 자리에 큰 수 4, 3을 먼저 쓰고 1, 2 중 2가 4에 곱해지도록 일의 자리를 채웁니다.

$$\begin{array}{r} 4\ 1 \\ \times\quad 3\ 2 \\ \hline 1\ 3\ 1\ 2 \end{array}$$ ➡ 4×1보다 4×2가 더 큰 수이기 때문에

곱이 가장 작을 때 : 십의 자리에 작은 수 1, 2를 먼저 쓰고 3, 4 중에서 더 작은 수인 3이 2에 곱해지도록 일의 자리를 채웁니다.

$$\begin{array}{r} 1\ 3 \\ \times\ 2\ 4 \\ \hline 3\ 1\ 2 \end{array}$$ ➡ 2×4보다 2×3이 더 작기 때문에

[답] 곱이 가장 클 때 : 1312, 곱이 가장 작을 때 : 312

 2 [풀이] 3, 3으로 만들 수 있는 수를 써서 이용합니다.

$3+3=6$ $3-3=0$
$3\times3=9$ $3\div3=1$
$(3+3)\times(3\div3)=6$
$(3+3)+(3\div3)=7$
$(3\times3)-(3\div3)=8$
$(3\times3)\times(3\div3)=9$
$(3\times3)+(3\div3)=10$
이 외에도 여러 가지 방법이 있습니다.

P.25

 3 [풀이] 십의 자리의 숫자 2개는 더해서 19가 될 수 없으므로 18이 되어야 합니다. 따라서 일의 자리의 숫자 2개를 더하면 13이 되어야 합니다. □ 안에 들어갈 숫자의 합은

$$18+13=31$$

이 됩니다.
[답] 31

 4 [풀이] 만들 수 있는 두 자리 수는 26, 28, 62, 68, 82, 86입니다.
각각의 두 자리 수를 남은 수로 나누어 보면

$26\div8=3\cdots2$ $28\div6=4\cdots4$ $62\div8=7\cdots6$
$68\div2=34$ $82\div6=13\cdots4$ $86\div2=43$

이므로 나머지가 가장 클 때는 6입니다.
[답] $8\,\overline{)\,6\ 2}$, 나머지: 6

P.26

5 [풀이] $(4 \div 4) \times (4 \div 4) = 1$

$(4 \div 4) + (4 \div 4) = 2$

$(4 + 4 + 4) \div 4 = 3$

$(4 - 4) \times 4 + 4 = 4$

이외에도 여러 가지 방법이 있습니다.

6 [풀이] ABCD×9=DCBA이므로 A×9는 받아올림 되어서는 안됩니다.

따라서 A=1이고, A×9=D이므로 1×9=9로 D=9입니다.

식을 다시 써 보면

$$\begin{array}{r} 1\,B\,C\,9 \\ \times \qquad 9 \\ \hline 9\,C\,B\,1 \end{array}$$

결과의 천의 자리 숫자 9는 계산에서 백의 자리로부터 받아올림 되어져 더해진 수가 아니기 때문에 B×9도 한 자리 값이 나와야 합니다. B=0, 1이 되는데 1은 될 수 없으므로 B=0입니다. 따라서 C=8이 됩니다.

$$\begin{array}{r} 1\,0\,8\,9 \\ \times \qquad 9 \\ \hline 9\,8\,0\,1 \end{array}$$

[답] A : 1, B : 0, C : 8, D : 9

P.27

7 [풀이] 몫이 크려면 나누어지는 두 자리 수가 가장 커야 하고 나누는 수는 가장 작아야 합니다.

따라서 $74 \div 3 = 24 \cdots 2$

[답] 2

8 [풀이] □+□+□, □×□×□, □+□×□, (□+□)×□의 4가지 경우로 나누어서 계산해 봅니다.

□+□+□ → $1+2+3=6$

□×□×□ → $1 \times 2 \times 3 = 6$

□+□×□ → $1+2 \times 3 = 7$

$2+1 \times 3 = 5$

$3+2 \times 1 = 5$

(□+□)×□ → $(1+2) \times 3 = 9$

$(1+3) \times 2 = 8$

$(2+3) \times 1 = 5$

[답] 5가지

Thinking 팩토

P.28

[풀이] D를 4번 더했을 때 합의 일의 자리 숫자가 0이 되므로 D=5입니다.
D=0일 수도 있지만 만약 D=0이면 C, B, A 값이 나오지 않습니다.
또, 일의 자리의 덧셈(D+D+D+D=5+5+5+5=20)에서 2가 십의 자리로 받아올림 되었으
므로 C+C+C+2=□0이고, C+C+C=□8이 되어야 합니다.
따라서 □=1이고, C=6입니다.
백의 자리 B+B에서 십의 자리로부터 2가 받아올림되었으므로 B+B+2=□0이고, A가 0이 아
니기 때문에 B+B+2=10이 되어야 합니다. 따라서 B=4이고, A=1입니다.

```
        5
      6 5
    4 6 5
+ 1 4 6 5
─────────
  2 0 0 0
```

[답] A=1,　B=4,　C=6,　D=5

[풀이] 7×9=63
77×99=7623
777×999=776223
　　　　⋮
규칙을 보면 곱의 일의 자리는 항상 3입니다. 또, 곱하는 수의 7의 개수가 2개이면 곱의 7과 2의
개수가 각각 1개이고, 7과 2 사이에 6이 옵니다.
마찬가지로 곱하는 수의 7의 개수가 3개이면 곱의 7과 2의 개수가 각각 2개이고, 7과 2 사이에
6이 옵니다.
즉, 곱하는 수의 7의 개수보다 곱의 7과 2의 개수가 1개 적습니다.
777777×999999는 7의 개수가 6개이므로 곱은 7과 2가 5번씩 쓰입니다.
777776222223
[답] 777776222223

P.29

[풀이] (1) 9의 배수는 각 자리 숫자의 합이 9의 배수이어야 합니다.
　　　　　　　　(1, 3, 5), (2, 3, 4)
(2) 135　　315　　513　　234　　324　　423
　　153　　351　　531　　243　　342　　432
(3) (1, 3, 5)를 사용할 경우
　　백, 십, 일의 자리에 1, 3, 5를 2번씩 사용하였으므로
　　백 : (1+3+5)×100×2=1800
　　십 : (1+3+5)×10×2=180
　　일 : (1+3+5)×1×2=18
　　→ 1800+180+18=1998
　　(2, 3, 4)를 사용할 경우
　　(2, 3, 4)의 경우도 (1, 3, 5)의 경우와 같기 때문에 합은 1998입니다. (2+3+4=9이기 때문에)
[답] 1998+1998=3996

[풀이]

$$\begin{array}{r} 7\ ㉠ \\ \times\ 8\ ㉡ \\ \hline ㉢\ 5\ ㉣ \\ ㉤\ ㉥\ 6 \\ \hline ㉦\ ㉧\ ㉨\ ㉩ \end{array}$$

㉠×8=□6이므로 ㉠은 2, 7이 올 수 있습니다.

㉠=2일 때

72×㉡=㉢5㉣이 되어야 하는데 ㉡이 어떤 수가 와도 가운데 수가 5가 될 수 없으므로 ㉠=2가 아닙니다.

$$\begin{array}{r} 7\ \boxed{2} \\ \times\ 8\ ㉡ \\ \hline ㉢\ 5\ ㉣ \\ ㉤\ ㉥\ 6 \\ \hline ㉦\ ㉧\ ㉨\ ㉩ \end{array}$$

㉠=7일 때

77×㉡=㉢5㉣이 되어야 하므로 ㉡=2가 되고 77×2=154이므로 ㉢=1, ㉣=4입니다.

$$\begin{array}{r} 7\ \boxed{7} \\ \times\ 8\ \boxed{2} \\ \hline \boxed{1}\ 5\ \boxed{4} \\ ㉤\ ㉥\ 6 \\ \hline ㉦\ ㉧\ ㉨\ ㉩ \end{array}$$

각각의 숫자를 넣고 식을 완성하면

$$\begin{array}{r} 7\ \boxed{7} \\ \times\ 8\ \boxed{2} \\ \hline \boxed{1}\ 5\ \boxed{4} \\ \boxed{6}\ \boxed{1}\ 6 \\ \hline \boxed{6}\ \boxed{3}\ \boxed{1}\ \boxed{4} \end{array}$$

P.30

 [풀이] 홀수는 일의 자리 숫자가 홀수가 되어야 하므로 1, 3이 일의 자리에 올 수 있습니다. 세 자리 홀수를 써 보면 123, 213, 321, 231이 나오므로 모두 더하면 888입니다.

[답] 888

 [풀이]
$3-(3÷3)-(3÷3)=1$ $3-(3÷3)×(3÷3)=2$
$3×(3÷3)×(3÷3)=3$ $3+(3÷3)×(3÷3)=4$
$3+(3÷3)+(3÷3)=5$ $(3×3)-3×(3÷3)=6$
$(3×3)-3+(3÷3)=7$ $(3+3+3)-(3÷3)=8$
$(3+3+3)×(3÷3)=9$ $(3+3+3)+(3÷3)=10$

이 외에도 여러 가지가 방법이 있습니다.

[풀이] (1)

18	33	42	57	66	⋯
19	32	43	56	67	⋯
20	31	44	55	68	⋯
21	30	45	54	69	⋯

(2) 첫째 번 행 : 18에서 +15, +9가 반복
　　둘째 번 행 : 19에서 +13, +11이 반복
　　셋째 번 행 : 20에서 +11, +13이 반복
　　넷째 번 행 : 21에서 +9, +15가 반복

모두 두 항씩 건너 뛰었을 때 24씩 커집니다.

(3) 합을 24로 나누었을 때 나머지가 각 행의 첫 수인 18, 19, 20, 21 또는 각 행의 둘째 번 수를 24로 나눈 나머지인 9, 8, 7, 6이 되어야 합니다.

　　① $89 \div 24 = 3 \cdots 17$　　　　② $90 \div 24 = 3 \cdots 18$　　　③ $91 \div 24 = 3 \cdots 19$
　　④ $92 \div 24 = 3 \cdots 20$　　　　⑤ $93 \div 24 = 3 \cdots 21$

　　17은 위의 표에 나오지 않는 수이므로 답은 ①번입니다.

[답] (1) 풀이 참조　　　(2) 풀이 참조　　　(3) ①

바른 답·바른 풀이

2 퍼즐과 게임

 **1. 스도쿠**

Free FACTO

[풀이] ┌1┬ㄱ┬4┬ㄴ┬3┐ 에서 ㄱ의 세로줄에 5가 있으므로 ㄱ=2, [답]
ㄴ=5가 되어야 합니다.

　에서 ㄷ의 가로줄에 3이 있으므로 ㄷ=4, ㄹ=3,
ㅁ=1이 됩니다. 같은 방법으로 가로줄, 세로줄,
서로 다른 펜토미노 조각에 숫자가 겹치지 않도록
숫자를 채워 나갑니다.

2	4	5	3	1
4	5	3	1	2
5	3	1	2	4
3	1	2	4	5
1	2	4	5	3

 [풀이] 가로줄과 세로줄에 1~4를 먼저 채우고, 나머지 칸을 채웁니다.
[답]

3	2	4	1
4	1	3	2
2	4	1	3
1	3	2	4

3	1	4	2
4	2	3	1
2	4	1	3
1	3	2	4

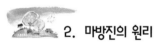 **2. 마방진의 원리**

Free FACTO

[풀이] 직선 위의 세 수의 합을 모두 더하면 1부터 7까지의 수의 합에 칠해진 가운데 칸의 수를 두 번 더 더하면 됩니다. 직선 위의 세 수의 합을 □라 하고, 가운데 수를 ○라 했을 때,
$3 \times □ = (1+2+3+4+5+6+7) + ○ \times 2$가 됩니다.
○에 1부터 7까지의 수를 넣어 보면,

○=1일 때, $3 \times □ = 28 + 1 \times 2 = 30$ ∴ □=10 (○)

○=2일 때, $3 \times □ = 28 + 2 \times 2 = 32$ ∴ $□ = \dfrac{32}{3}$ (×)

○=3일 때, $3 \times □ = 28 + 3 \times 2 = 34$ ∴ $□ = \dfrac{34}{3}$ (×)

○=4일 때, $3 \times □ = 28 + 4 \times 2 = 36$ ∴ □=12 (○)

○=5일 때, $3 \times □ = 28 + 5 \times 2 = 38$ ∴ $□ = \dfrac{38}{3}$ (×)

○=6일 때, $3 \times □ = 28 + 6 \times 2 = 40$ ∴ $□ = \dfrac{40}{3}$ (×)

○=7일 때, $3 \times □ = 28 + 7 \times 2 = 42$ ∴ □=14 (○)

위와 같으므로 칠해진 ●에 들어갈 수 있는 수는 1, 4, 7이 가능합니다.

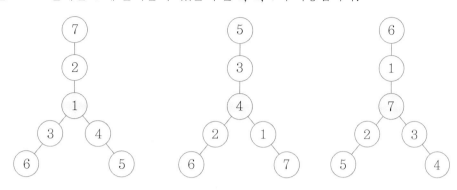

[답] 1, 4, 7

[풀이] 가로, 세로 방향의 세 수의 합을 모두 더하면 5에서 9까지의 수에 칠해진 가운데 칸의 수를 한 번 더 더하면 됩니다. 가로, 세로 방향으로 세 수의 합을 □, 칠해진 가운데 칸에 들어갈 수를 ○라 하여 식을 세우면 $2 \times \square = 5+6+7+8+9+\bigcirc$

○에 5에서 9까지의 수를 넣어 보면

○=5일 때,　　　 $2 \times \square = 35+5$　　　 $\therefore \square = 20$

○=6일 때,　　　 $2 \times \square = 35+6$　　　 $\therefore \square = \dfrac{41}{2}$ (×)

○=7일 때,　　　 $2 \times \square = 35+7$　　　 $\therefore \square = 21$

○=8일 때,　　　 $2 \times \square = 35+8$　　　 $\therefore \square = \dfrac{43}{2}$ (×)

○=9일 때,　　　 $2 \times \square = 35+9$　　　 $\therefore \square = 22$

따라서 칠해진 가운데 칸에 들어갈 수 있는 수는 5, 7, 9입니다.

$5+7+9=21$

[답] 21

3. 여러 가지 님게임 ··· P.38

Free FACTO

[풀이] 내가 이기려면 상대방의 차례가 되었을 때
  (i) 양쪽 접시에 구슬이 똑같이 있는 경우
  (ii) 한 쪽 접시에 구슬이 3개 있는 경우를 만들면 됩니다.
(i) 의 경우에는 상대방이 한 쪽 접시에서 1개 또는 2개를 가져가면 나는 다른쪽 접시에서 같은 개수 만큼 가져옵니다. (ii) 의 경우 상대방이 1개를 가져가면 나는 2개, 상대방이 2개를 가져가면 나는 1개를 가져옵니다.
(i) 의 경우를 만들기 위해서는 처음에 6개의 구슬이 있는 접시에서 2개를 가져와 4개로 만듭니다. (ii) 의 경우를 만드려면 왼쪽 접시에서 1개를 먼저 가져와 양쪽의 구슬 개수를 3개, 6개로 만듭니다. 그 후 상대방이 가져가는 구슬과 같은 쪽에서 3을 만들어 가면서 구슬을 꺼내면 됩니다.(1→2, 2→1)

 [풀이] 15째 번 구슬을 가져와야 이기므로, 11째 번 구슬을 먼저 가져오면 이길 수 있습니다. 1~3개의 구슬을 가져갈 수 있으므로 상대방이 가져가는 구슬의 개수와 내가 가져오는 구슬의 개수의 합이 4개가 되도록 가져옵니다.

처음 가져감

따라서 4의 배수만큼 남으면 이길 수 있으므로 처음에 3개를 가져오면 이길 수 있습니다.
[답] 3개

 [풀이] 마지막 구슬을 가지면 이기는 게임이므로

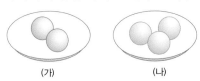
(가)   (나)

처음에 (나)접시에서 1개를 가져가서, 양쪽 접시의 구슬의 수를 갖게 만듭니다. 한쪽 접시에서만 구슬을 가져갈 수 있으니까 구슬의 개수가 같은 상태에서 상대방이 가져가는 개수만큼 반대쪽 접시에서 구슬을 가져오면 이길 수 있습니다.
[답] 처음에 (나)접시에서 구슬 1개를 가져간다.

Creative 팩토 ·· P.40

 [풀이] ③과 ①을 먼저 채운 후 나머지를 색칠합니다.

[답] (1)

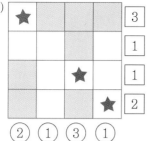

-- P.41

 [풀이] 2, 4, 6을 각각 3번씩 사용합니다.
따라서 가로, 세로, 대각선 방향으로 세 수의 합은 (2+4+6)×3÷3=12입니다.
세 수의 합이 12가 되게 빈 칸에 수를 넣으면 됩니다.

[답]

2	6	4
6	4	2
4	2	6

[풀이] 1~7 중 ■를 제외한 두 묶음의 합이 같아야 하므로 ■는 짝수가 되어야 합니다. ■
가 2, 4, 6일 때의 경우를 구합니다.

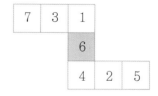

[답] 2, 4, 6

-- P.42

 [풀이] 20째 칸에 바둑돌을 놓기 위해서는 16째 칸에 바둑돌을 놓아야 하고, 16째 칸에 바
둑돌을 놓으려면 12째 칸에 바둑돌을 놓아야 합니다. 이와 같이 거꾸로 생각하여 16, 12,
8, 4째 칸에 바둑돌을 먼저 놓아야 하기 때문입니다.
그러므로 인호가 이기려면 2개의 바둑돌을 4째 칸까지 놓아야 합니다.
[답] 2개

5 [풀이] 네 수의 합과 세 수의 합이 같으려면 큰 수 5를 가운데 오도록 넣습니다. 원 위의 합은 1+2+3+4=10이므로 각 줄의 합이 10이 되도록 구합니다.

[답]

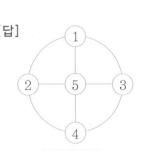

.... P.43

 6 [풀이]

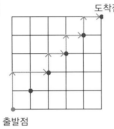

한 번에 두 칸까지 갈 수 있고, 꺾어서는 갈 수 없으므로 나중에 시작해서 ●까지 먼저 선을 그어가면 이길 수 있습니다.

[답] 나중에 시작하여 출발점에서 도착점을 잇는 대각선 위에 바둑돌이 오도록 합니다.

4. 폴리오미노 P.44

Free FACTO

[풀이] 각 줄에 3개, 2개를 이어 붙인 후 나머지 조각을 돌려가며 붙입니다.

[답]

예제 01 [풀이] (1) 정삼각형 3개를 붙여 만든 모양은 1가지밖에 없습니다.
 (2) (1)에서 만든 모양에 정삼각형 1개를 돌려가며 붙입니다.
 (3) (2)에서 만든 모양에 정삼각형 1개를 돌려가며 붙입니다.

[답] (1)   (2)

(3)

 5. 펜토미노 ··· P.46

Free **FACTO**

[풀이] 15개의 사각형을 넓이가 같은 3조각으로 나누어야 하므로 한 조각을 5개의 사각형으로 이루어진 조각으로 나눕니다. 7가지 경우가 나옵니다.

[답]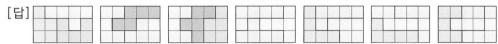

7가지 중 한가지를 그리면 됩니다. 그림을 돌리거나 뒤집어도 됩니다.

 [풀이]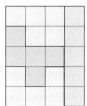

여러 가지가 있습니다.

  [풀이]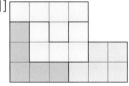

여러 가지가 있습니다.

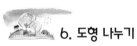 6. 도형 나누기 ··· P.48

Free **FACTO**

[풀이] 전체 도형을 정삼각형 12개로 나눈 후 정삼각형 3개로 이루어진 같은 모양의 조각 4개로 나눕니다.

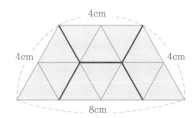

[풀이] 전체를 나누어야 하는 조각 수의 배수 개인 12개로 나눈 다음, 정사각형 3개로 이루어진 조각 4개로 나눕니다.

[답]

 [풀이] 전체 12조각을 4등분 해야 하므로 한 조각 안에 노란 정사각형 1개, 파란 정사각형 2개씩 들어가도록 합니다.

[답]
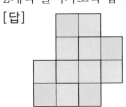

Creative 팩토 P.50

 [답]

| 3 | 8 | 9 |

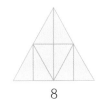 

 [답]

P.51

[풀이] (1) 주어진 펜토미노를 직사각형 안에 그리고 나머지 15칸을 5칸씩 나누어 봅니다.

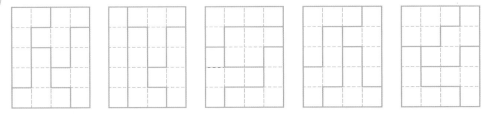

위 다섯 가지 중 하나를 그리면 되고, 돌리거나 뒤집어서 같은 모양이 되어도 됩니다.

(2) 주어진 펜토미노를 직사각형 안에 그리고 나머지 15칸을 5칸씩 나누어 봅니다.

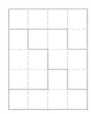 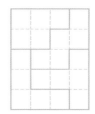

위 두 가지 중 하나를 그리면 되고, 돌리거나 뒤집어서 같은 모양이 되어도 됩니다.

············P.52

 4 [풀이] 한 조각에 직각삼각형 3개씩 포함되도록 합니다.
[답]

 5 [풀이] 중심을 지나 중심점에 점대칭이 되도록 선을 긋습니다.

 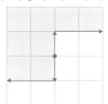 

[답]

이 외에도 여러 가지가 있습니다.

P.53

 [답] (1)

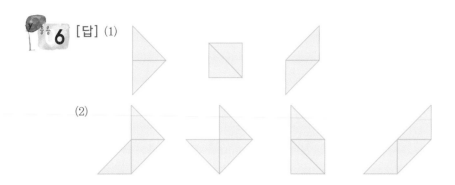

(2)

Thinking 팩토

P.54

 [풀이] (1) 작은 정사각형을 4개의 크기가 같은 정사각형으로 나누어 생각합니다.
(2) 작은 정사각형을 3개의 크기가 같은 정사각형으로 나누어 생각합니다.

[답] (1)

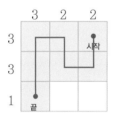

(2)

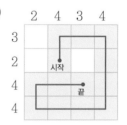

P.55

 [답] (1)

```
    3   2   2
3   ┌───┐
        │  시작
3   └───┘
1
    끝
```

(2)

```
    2   4   3   4
3       ┌───────┐
2   시작┘       │
4       ┌───────┘
4       └───┐ 끝
```

P.56

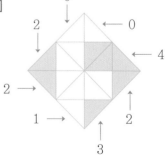 [풀이] 0이 있는 부분은 칠하지 않고, 큰 정사각형의 모서리에 2를 먼저 칠합니다. [답]

[풀이] 정사각형을 2개, 3개, 4개를 늘려가며 한 개씩을 돌려가며 붙이면 12가지를 찾을 수 있습니다.

[답]

P.57

[풀이] 가로, 세로, 대각선의 세 수의 합은 9개 수의 합을 3으로 나눈 값입니다.

$(2+3+4+5+6+7+8+9+10) \div 3 = 18$입니다.

따라서 가운데 칸에 2에서 10까지의 수 중 가운데 수인 6을 쓰고, 가로, 세로, 대각선의 세 수의 합이 18이 되도록 합니다.

[답]

7	2	9
8	6	4
3	10	5

[풀이] 마지막에 구슬을 남겨야 이길 수 있으므로 상대방이 가져갈 순서가 되었을 때, 구슬이 1개만 남아 있어야 합니다. 이 경우를 만들려면 상대방의 순서에 구슬이 접시마다 1개씩 남아 있거나, 두 개의 접시에 구슬이 2개씩 남아 있으면 됩니다.

접시마다 구슬이 1개씩 3개가 남아 있으면 상대방이 1개 가져가고, 1개 가져오면 상대방이 남은 1개의 구슬을 가져가야 합니다.

두 개의 접시에 구슬이 2개씩 남아 있으면 상대방이 구슬 1개를 가져가면, 다른 접시에서 2개를 가져오고, 상대방이 구슬 2개를 가져가면, 다른 접시에서 1개를 가져와서 구슬 1개를 남길 수 있습니다.

마지막에 구슬이 1개 남거나, 구슬이 세 접시에 1개씩, 또는 두 접시에 2개씩 남게 하려면

    (i) 상대방이 첫째 번 접시에서 구슬을 1개 가져가면, 셋째 번 접시에서 구슬을 1개 가져옵니다.

    (ii) 상대방이 둘째 번 접시에서 구슬을 1개 가져가면, 셋째 번 접시에서 구슬을 2개 가져져 옵니다. 상대방이 둘째 번 접시에서 2개 가져가면, 셋째 번 접시에서 구슬을 모두 가져 옵니다.

    (iii) 상대방이 셋째 번 접시에서 구슬을 1개 가져가면, 첫째 번 접시에서 구슬을 1개 가져옵니다. 상대방이 셋째 번 접시에서 구슬을 2개 가져가면, 둘째 번 접시에서 구슬을 1개 가져옵니다. 상대방이 셋째 번 접시에서 구슬을 3개 가져가면, 둘째 번 접시에서 구슬을 2개 가져옵니다.

상대방이 먼저 하도록 하여 위와 같이 하면 마지막 구슬을 상대방이 가져가게 할 수 있습니다.

3 기하

 1. 뚜껑이 없는 직육면체의 전개도 ······························ P.60

Free FACTO

[풀이] □□□□, □□□, □□ 모양에 정사각형을 각각 1개, 2개, 3개씩 이어 붙입니다.
[답]

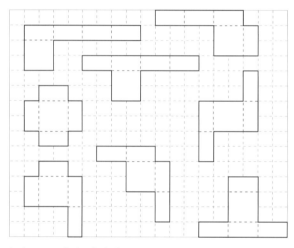

이 중 5가지를 그리면 됩니다.

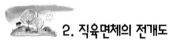 **2. 직육면체의 전개도** ······························ P.62

Free FACTO

[풀이] 긴 변끼리 가장 많이 이어 붙인 다음과 같은 전개도를 만듭니다.

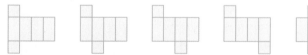

전개도의 가로 : 4cm, 세로 : 4cm
둘레는 (4+4)×2=16cm입니다.
[답] 16cm

[풀이] (1)

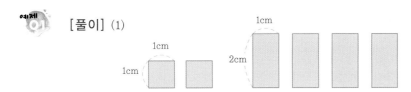

(2) 짧은 변이 겹치는 전개도를 그려 봅니다.

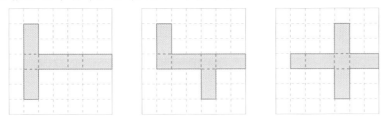

(3) 전개도의 가로 6cm, 세로 5cm

$(6+5) \times 2 = 22$

둘레는 22cm입니다.

[답] 22cm

3. 정육면체의 단면 · P.64

Free FACTO

[풀이] 꼭지점 ㄱ, ㄴ, ㄷ을 이어 보면 다음과 같습니다.

선분 ㄱㄴ과 선분 ㄱㄷ, 선분 ㄴㄷ은 같은 정사각형의 대각선이므로 길이가 모두 같습니다. 세 변의 길이가 같은 삼각형은 정삼각형입니다.

[답] 정삼각형

 [풀이] 각 ㄱㄴㄷ이 직각이므로 직각삼각형을 만들 수 있습니다.

[답] 직각삼각형

 [풀이] 마주 보는 두 쌍의 변이 평행하고 길이가 같습니다. 또한 네 각의 크기가 모두 직각입니다. 이러한 성질을 갖는 도형은 직사각형입니다.

[답] 직사각형

Creative 팩토

P.66

 1 [풀이] 돌리거나 뒤집어서 겹쳐지는 도형은 제외합니다.

[답] 4가지

 2 [풀이] 정사각형 1개의 둘레는 $5 \times 4 = 20$(cm)입니다.
6개 정사각형의 둘레는 $20 \times 6 = 120$(cm)입니다.
이 중 겹쳐진 변 10개의 길이가 $5 \times 10 = 50$(cm)이므로
$120 - 50 = 70$(cm) 즉, 둘레는 70cm입니다.
[답] 70cm

P.67

 3 [풀이]

 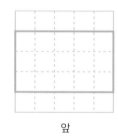 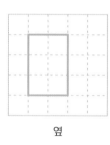

위   앞   옆

4 [풀이] 마주 보는 면은 합동입니다.
[답]

P.68

 5 [풀이] 각각의 면은 다음과 같습니다.

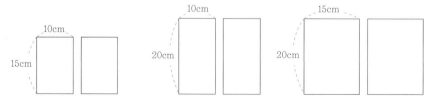

가장 짧은 변인 10cm를 가장 많이 겹치게 전개도를 만듭니다. 이 전개도의 가로는 70cm, 세로는 50cm입니다. 그러므로 둘레는

$(70+50) \times 2 = 240$(cm)입니다.

[답] 다음과 같은 3가지 경우가 있습니다.

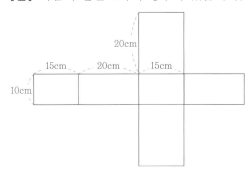
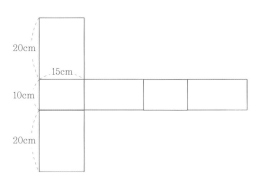

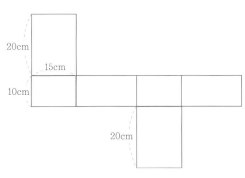

둘레 : 240cm

 6 [풀이] 파란색이 칠해진 면과 닿는 면은 모두 파란색이 칠해집니다.

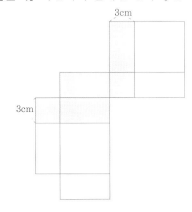

P.69

 7 [풀이] (1) 같습니다.

(2) 합동인 직사각형의 대각선이므로 길이는 같습니다.

(3) $90°$

(4) 직사각형, 네 각이 모두 직각이고 마주 보는 두 변이 모두 평행하고 길이가 같습니다.

4. 정육면체 색칠하여 자르기 ·· P.70

Free FACTO

[풀이] 세 면이 색칠된 부분은 각각 다음과 같습니다.

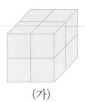

(가)

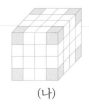

(나)

즉, 세 면이 색칠된 정육면체의 개수는 꼭지점의 개수와 같습니다.

(가) : 8개, (나) : 8개

8+8=16

세 면이 색칠된 정육면체는 16개입니다.

[답] 16개

[풀이] n×n×n 모양으로 쌓은 정육면체의 경우

한 면만 칠해진 쌓기나무의 개수 : (n−2)×(n−2)×6

두 면이 칠해진 쌓기나무의 개수 : (n−2)×12

세 면이 칠해진 쌓기나무의 개수 : 8

한 면도 칠해지지 않은 쌓기나무의 개수 : (n−2)×(n−2)×(n−2)

(1) (3−2)×(3−2)×(3−2)=1(개)

(2) 1×8=8개 (꼭지점의 개수)

(3) (3−2)×12=12(개))

(4) (3−2)×(3−2)×6=6(개)

[답] (1) 1개   (2) 8개   (3) 12개   (4) 6개

[풀이] (1) 가장 위에 있는 한 개의 쌓기나무는 5면이 칠해집니다.

   (2) 아래 그림에서 색칠된 부분의 쌓기나무 8개는 세 면이 칠해집니다.

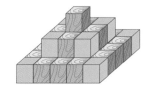

[답] (1) 5면   (2) 8개

5. 정육면체 붙이기 ·· P.72

Free **FACTO**

[풀이] 1층으로 쌓을 수 있는 모양은 다음과 같습니다.

2층으로 쌓을 수 있는 모양은 다음과 같습니다.

따라서 모두 7가지 모양을 만들 수 있습니다.

[답] 7가지

 [풀이] 정육면체 1개, 2개, 3개를 각각 사용하여 만든 모양을 찾습니다.

[답]

 [풀이] 위에서 본 모양이 ⬜ 이므로 정육면체 3개를  과 같이 쌓고 2층에 하나를 더 쌓습니다.

[답] 3가지

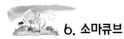

6. 소마큐브 ·· P.74

Free **FACTO**

[풀이] 만든 정육면체 전체에 분홍색이 14개, 흰색이 13개 들어 있습니다. ①번~⑥번까지의 조각에 분홍색이 12개, 흰색이 12개 들어 있으므로 흰색 1개, 분홍색 2개가 더 필요합니다.
분홍색 2개를 이웃하지 않게 칠합니다.

[답]

 [풀이] 완성된 모양의 파란색 정육면체는 6개, 흰색은 5개입니다.
①번과 ②번의 파란색은 모두 5개, 흰색은 모두 3개이므로 남은 색은 흰색 2개, 파란색 1개
입니다. 흰색 2개가 이웃하지 않도록 파란색을 칠합니다.

[답]

Creative 팩토

P.76

1 [풀이] (1) 한 변의 길이를 2cm 간격으로 자르면 다음과 같은 모양이 됩니다.

따라서 개수는 $5 \times 5 \times 5 = 125$(개)입니다.

(2) 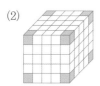 꼭지점 부분의 쌓기나무 8개는 3면이 칠해져 있습니다.

(3) 한 면이 칠해진 쌓기나무

$(5-2) \times (5-2) \times 6 = 54$(개)

한 면도 칠해지지 않은 쌓기나무

$(5-2) \times (5-2) \times (5-2) = 27$(개)

[답] (1) 125개   (2) 8개
(3) 한 면이 칠해진 쌓기나무의 개수 : 54개
   한 면도 칠해지지 않은 쌓기나무의 개수 : 27개

P.77

2 [풀이] 쌓기나무는 모두 $1+3+6+10=20$(개)입니다.
20개의 쌓기나무 중에서 보이는 쌓기나무는 10개이므로 보이지 않는 쌓기나무는
$20-10=10$(개)입니다.
[답] 10개

3 [풀이]

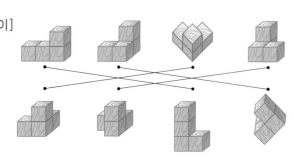

4 [풀이] (1)

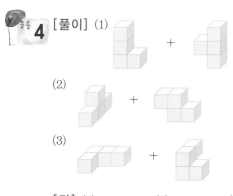

(2)

 +

(3)

+

[답] (1) ㄱ, ㄴ   (2) ㄴ, ㄹ   (3) ㄱ, ㄷ

5 [풀이] (1) 맨 위의 정육면체는 한 면만 다른 정육면체와 닿아 있습니다. 따라서, 5개의 면이 칠해집니다.
(2) 각 단계마다 맨 위에 있는 정육면체는 1개 뿐입니다.
(3) 4개의 면이 색칠된 정육면체는 다음과 같습니다.

따라서 1단계에서는 0개, 2단계에서는 3개, 3단계에서는 6개입니다.
(4) 한 단계마다 3개씩 늘어납니다.
    따라서 4단계는 3+3+3=9(개)입니다.
(5) 1층에 4개, 2층에 1개의 정육면체는 칠이 되어있지 않습니다.
    1+4=5(개)
[답] (1) 5면
(2) 1개, 1개, 1개
(3) 0개, 3개, 6개
(4) 9개
(5) 5개

Thinking 팩토 ··· P.80

 [풀이] (1) 여러 가지가 가능합니다.

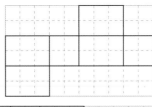

(2) 여러 가지가 가능합니다.

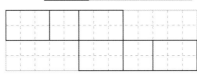

 [풀이] 작은 정육면체가 11개 있으므로, a는 반드시 사용되어야 하고, b, c, d중 2개가 사용되어야 합니다.

a의 위치를 바꾸면서 조각을 맞추어 보면 다음 6가지 경우가 나옵니다.

a a c	a d d	c c c	d d d	d d c	d d c
a c c	a a d	a c d	d b b	d c c	d c c
b b c	b b d	a a d	b b a	d a c	b b c
b b	b b	d d	a a	d d	b b

[답] 위 6가지 중 한 가지를 그리면 됩니다.

·· P.81

 [풀이] 1개의 정사각형을 붙여 다음의 정육면체 전개도가 나와야 합니다.

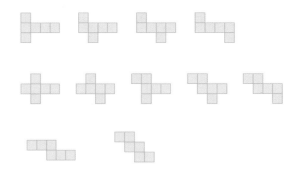

[답] ①, ②, ④, ⑥, ⑦, ⑧, ⑨, ⑫

 [풀이]   모든 각이 직각이므로 직사각형입니다.

[답] 직사각형

[풀이] 흰색 : 각각 층별로 12, 13, 12, 13, 12개씩 쌓여 있습니다.

$$12+13+12+13+12=62(개)$$

파란색 : 전체 125개 중 흰색 62개를 뺍니다.

$$125-62=63(개)$$

[답] 흰색 : 62개, 파란색 : 63개

 [풀이] 먼저 2개의 직육면체를 이어 붙인 후 각각의 면에 다른 한 조각을 이어 붙입니다. 2개의 직육면체를 이은 모양은 다음 2가지가 나옵니다.

[답]

 [풀이] (1) 각각의 길이가 1에서 7인 정사각형을 잘라낼 수 있습니다.

(2) 접어서 상자를 만들 수 있는 경우를 생각하면 5가지가 나옵니다. 문제에서 주어진 1가지를 빼고 4가지 중에 3가지를 그립니다.

[답] (1) 7가지

(2)

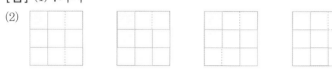

4가지 중 3가지를 그리면 됩니다.

4 규칙찾기

 **1. 수열 2** ·· P.86

Free FACTO

[풀이] 2, 3, 5, 7, 11, 13, □ , 19, 23, …
나열된 수들은 모두 약수가 1과 자기 자신 뿐인 소수들의 모임입니다.
∴ 13과 19 사이에 약수가 2개인 소수는 오직 17
[답] 17

 [풀이] $1, 1, \dfrac{5}{4}, \dfrac{7}{5}, \dfrac{11}{6}, \dfrac{13}{7}, \dfrac{17}{8}, \boxed{}, \dfrac{23}{10}$
분모가 1씩 늘어나므로 1, 1을 이에 따라 분수로 나타내면 $\dfrac{2}{2}, \dfrac{3}{3}$ 입니다. 분자는 소수의 수열
입니다.
[답] $\dfrac{19}{9}$

 [풀이] $\dfrac{1}{4}, \dfrac{1}{2}, \dfrac{7}{12}, \dfrac{5}{8}, \dfrac{13}{20}, \dfrac{2}{3}, \dfrac{19}{28}, \dfrac{11}{16}$
분수를 약분하기 전으로 돌아가면 $\dfrac{1}{4}, \dfrac{4}{8}, \dfrac{7}{12}, \dfrac{10}{16}, \dfrac{13}{20}, \dfrac{16}{24}, \dfrac{19}{28}, \dfrac{22}{32}$
∴ 분자는 1부터 3씩 커지고, 분모는 4의 배수로 커짐을 볼 수 있습니다.
13째 번의 분수는 분자 : $1+3\times(13-1)=37$
　　　　　　　　　　 분모 : $4\times13=52$
따라서, 13째번 분수는 $\dfrac{37}{52}$ 이고,
㉠$=37$, ㉡$=52$, ㉠$+$㉡$=89$
[답] 89

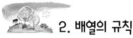 **2. 배열의 규칙** ·· P.88

Free FACTO

[풀이] 배열의 규칙을 보면 1열의 수들은 1, 2, 5, 10, 17, …로 더하는 수가 연속된 홀수가 됩니다. 우선 1열 10행의 수를 구한 뒤 5열 10행의 수를 구해 봅니다.
1열 10행의 수 : $1+(1+3+5+7+9+11+13+15+17)=82$가 되고, 5열 10행은 82에서 오른쪽으로 4칸 움직여 $+4$를 하면 86이 됩니다.
[답] 86

[풀이] 표의 규칙을 보면 1열의 수는 1, 4, 9, 16, 25, 36, …으로 제곱수입니다. 따라서 [10, 8]을 구하기 전에 [10, 1]을 구해 보면 $10 \times 10 = 100$이 되고, [10, 8]은 100에서 오른쪽으로 7칸 움직이므로 -7을 하면 93이 됩니다.
[답] 93

 [풀이] 규칙은 아래로 한 줄 내려가면서 숫자의 개수가 한 개씩 많아지는 것으로 9째 줄의 마지막 수의 바로 다음 수가 10째 줄의 첫 수가 됩니다. 9째 줄까지 사용된 수는 $1+2+3+\cdots+8+9=45$
10째 줄 첫째 번 수는 45 바로 다음 수이므로 46이 됩니다.
[답] 46

```
      1
    2   3
  4   5   6
7   8   9   10
      ⋮
```

3. 도형 규칙 ········· P.90

Free FACTO

[풀이] 규칙 : (첫째 줄의 수)×(둘째 줄의 수)$+1=$(셋째 줄의 수)
∴ $9 \times 5 + 1 = 46$
[답] 46

3	8	0	9	2
7	4	6	5	7
22	33	1	□	15

 [풀이] 18 21 24 이것은 3단, 4단, 5단 곱셈구구 수들입니다. 이를 곱셈식으로 바꿔 보면
24 □ 32
30 35 40

3×6 3×7 3×8
4×6 □ 4×8
5×6 5×7 5×8

∴ □에 들어갈 곱셈구구는 4×7 즉, 28이 됩니다.
[답] 28

 [풀이] 마주 보는 두 수들의 곱이 48이 됩니다.
∴ $□ \times 3 = 48$이 성립하려면 $□ = 16$
[답] 16

Creative 팩토 ········· P.92

 [풀이] 가로, 세로 수들의 합이 모두 32가 됩니다. $4+□+15+12=32$가 성립하려면 $□ = 1$
[답] 1

2 [풀이] 연속한 7개의 수가 가 → 다 → 마 → 사 → 바 → 라 → 나로 반복되는 마디가 됩니다.
한 마디의 수가 7개이므로 500÷7=71⋯ 3
즉, 71마디 움직이면 나에서 끝나게 되고 3번 더 움직였으므로
가 → 다 → ㉐가 됩니다.
[답] 마

P.93

 3 [풀이] (1) $\overset{-1}{\overbrace{15,\ 14,\ 16,}}\ \overset{-1}{\overbrace{13,\ 17,}}\ \overset{-1}{\overbrace{12,\ \square,}}\ 11,\ 19,\ \cdots$ $\underset{+1}{\underbrace{}}\underset{+1}{\underbrace{}}\underset{+1}{\underbrace{}}\underset{+1}{\underbrace{}}$

　　　　홀수째 번 수들의 규칙은 +1이고, 짝수째 번 수들의 규칙은 −1이 됩니다.
　　　　　　□=17+1=18
(2) 1, 2, 5, 3, 4, 5, □, 6, 5, 7, ⋯
　　규칙 : 연속된 두 수와 5가 번갈아 반복됩니다.
　　　　□=5
[답] (1) 18　　(2) 5

 4 [풀이] 원의 규칙 : 마주 보는 수에 ×9, A×9=45가 되려면 A=5
사각형의 규칙 : (윗줄의 수)×(중간줄의 수)=(아랫줄의 수)
4×16=B　　　∴ B=64
A+B=5+64=69
[답] 69

P.94

 5 [풀이] (1)

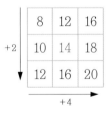

8	12	16
10	14	18
12	16	20

(2)

24	48	144
12	24	72
4	8	24

+2 ↓　　+4 →

÷2　÷3

[답] (1) 14　　(2) 24

 6 [풀이] 규칙 : 분자는 1로 일정
　　　　분모는 1부터 +2, +3, +4, ⋯로 늘어납니다.

$1,\ \dfrac{1}{3},\ \dfrac{1}{6},\ \dfrac{1}{10},\ \dfrac{1}{15},\ \dfrac{1}{21},\ \boxed{\dfrac{1}{28}},\ \cdots$

[답] $\dfrac{1}{28}$

P.95

7 [풀이] 121=11×11이므로 이 표는 11행 11열까지 있습니다. 1행에 있는 수를 모두 더하면
1+2+3+⋯+11=66이고, 2행의 수를 모두 더하면 (1+2+3+⋯+11)×2=132입니다.
따라서 □행의 모든 수를 더하면 66×□입니다.
462÷66=7이므로 462는 7행의 수를 모두 더한 것입니다.
[답] 7행

[풀이]

	1칸	2칸	3칸	4칸	5칸	6칸	⋯
가 줄	4	24	28	48	52	72	⋯
나 줄	8	20	32	44	56	68	⋯
다 줄	12	16	36	40	60	64	⋯

표에 나와 있는 모든 수는 4의 배수로 가 → 나 → 다 → 다 → 나 → 가를 마디로 반복됩니다.
□째 번 칸을 모두 채우면 □×12까지의 수를 쓰게 됩니다. $2008 \div 12 = 167 \cdots 4$이므로 167칸까지 2004를 쓰고 168칸은 짝수째 번 칸이므로 아래에서 위로 수를 써야 합니다.
따라서 다 줄에 써야 합니다.
[답] 다 줄, 168칸

4. 도형 개수의 규칙 P.96

Free FACTO

[풀이]

10층	9층	8층	7층	6층	5층	4층	3층	2층	1층
1	3	6	10	15	21	28	36	45	55

$$+2 \quad +3 \quad +4 \quad +5 \quad +6 \quad +7 \quad +8 \quad +9 \quad +10$$

$1+3+6+10+15+21+28+36+45+55=220$
[답] 220개

 [풀이]

첫째 번	둘째 번	셋째 번	⋯
1	1+4	1+4+9	⋯

더하는 수가 제곱수로 늘어납니다.
10째 번 : $1^2+2^2+3^2+4^2+5^2+6^2+7^2+8^2+9^2+10^2=385$
[답] 385개

 [풀이]

대각선으로 선을 그어 보면 제곱수로 늘어남을 알 수 있습니다.
검은돌은 1^2, 2^2, 3^2, 4^2, ⋯으로 늘어나고 있으므로 10째 번은 10^2개
흰돌은 0^2, 1^2, 2^2, 3^2, ⋯으로 늘어나고 있으므로 10째 번은 9^2개
따라서 $10^2-9^2=100-81=19$
[답] 검은 바둑돌 19개

5. 약속 1 ·· P.98

> **Free FACTO**
>
> [풀이] A■B=(A+1)×(B+1)　　　　　A◎B=(A−1)×(B−1)
> (3◎3)■(8◎4) ➡ 3◎3=2×2=4, 8◎4=7×3=21
> 　　　　　　　　➡ 4■21=5×22=110
> [답] 110

[풀이] A◎B=A×B×2　　　A▣B=A+B−1
(5◎5)◎(7▣2) ➡ 5◎5=5×5×2=50
　　　　　　　➡ 7▣2=7+2−1=8
50◎8=50×8×2=800
[답] 800

예제 02
[풀이] 7♧□=101
7×□+(7+□)×3=101
10×□+21=101
10×□=80
□=8
[답] 8

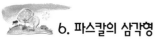 **6. 파스칼의 삼각형** ··· P.100

> **Free FACTO**
>
> [풀이] 파스칼의 삼각형에서 각 행의 합은 2의 거듭제곱으로 나타낼 수 있습니다.　　1
> 1행 : 1(2^0), 2행 : 2(2^1), 3행 : 4(2^2), …　　　　　　　　　　1　1
> ∴ 10행 : 512(2^9)　　　　　　　　　　　　　　　　1　2　1
> [답] 512　　　　　　　　　　　　　　　　　　　1　3　3　1
> 　　　　　　　　　　　　　　　　　　　　1　4　6　4　1
> 　　　　　　　　　　　　　　　　　　　　　　⋮

예제 01
[풀이] 각 행의 3째 번 수들은 1, 3, 6, 10, …으로 +2, +3, +4로 늘어나는 규칙을 가지고 있습니다. 그런데 3행부터 시작되었으므로 1+(2+3+4+5+6+7+8)와 같이 7개의 수만 더합니다.
9×8÷2=36
[답] 36

예제 02
[풀이] 1행을 제외한 모든 행들의 홀수째 번 수의 합과 짝수째 번 수의 합이 같아 차는 0이 됩니다.
[답] 0

 Creative 팩토 P.102

 1 [풀이] 가＊나＝(가＋1)×(나＋1)
(3＊2)＊1에서 3＊2=4×3=12　12＊1=13×2=26
3＊(2＊1)에서 2＊1=3×2=6　　3＊6=4×7=28
[답] 26, 28

 2 [풀이] 10단계의 수의 합은
　1＋(2×4)＋(3×4)＋…＋(9×4)＋(10×4)
＝1＋(2＋3＋…＋9＋10)×4
＝1＋54×4=217
[답] 217

P.103

 3 [풀이] ☆A＝A×3-1
☆3=8, ☆7=20
∴ ☆(8×20)＝☆160=160×3-1=479
[답] 479

 4 [풀이] 1행 : 2　2행 : 4　3행 : 8　4행 : 16　5행 : 32　6행 : 64　7행 : 128　8행 : 256
각 행의 합이 ×2로 늘어나는 등비수열입니다.
[답] 256

P.104

 5 [풀이] 가로로 3칸 놓은 모양 : 대각선으로 보면 정사각형 2개씩 2줄입니다.
∴ 2×2×4(정사각형 1개)=16
가로로 5칸 놓은 모양 : 대각선으로 보면 정사각형 3개씩 3줄입니다.
∴ 3×3×4(정사각형 1개)=36
가로로 7칸 놓은 모양 : 대각선으로 보면 정사각형 4개씩 4줄입니다.
∴ 4×4×4(정사각형 1개)=64
[답] 64개

 6 [풀이] ◎＝{(3×3)＋3}×3=36　◎◎＝{(3＋3)×3＋3}×3=63
◎◎◎＝36＋63=99
[답] 99

7 [풀이] 1단계 : 정사각형 1개, $4 \times 1 = 4$

2단계 : 정사각형 $1+2=3$(개), $4 \times 3 = 12$

3단계 : 정사각형 $1+2+3=6$(개), $4 \times 6 = 24$

∴ 10단계 : 정사각형 $1+2+\cdots+9+10=55$(개), $4 \times 55 = 220$

[답] 220개

 8 [풀이] 2, 4, 8, 16가지로 늘어나는 ×2의 규칙입니다. 따라서 8개는 $2^8 = 256$(가지)

[답] 256가지

Thinking 팩토

 1 [풀이] 왼쪽 모양으로 12칸이 규칙적으로 반복됩니다.

$100 \div 12 = 8 \cdots 4$

4줄이 8번 반복되므로 32입니다.

그리고 4칸을 더 움직이므로 나머지 칸을 채워 보면

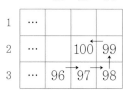

[답] (2, 33)

 2 [풀이] 위 칸에는 1부터 차례로 수를 나열하였고, 아래칸에는 위 칸에 있는 수의 약수의 개수를 쓴 것입니다. 12의 약수는 1, 2, 3, 4, 6, 12로 6개의 약수를 가지므로 빈 칸에 알맞은 수는 6입니다.

[답] 6

 3 [풀이] ④ → ⑦ → ③ → ⑥ → ② → ⑤ → ①로 반복됩니다.

7개의 수가 하나의 마디로 반복되므로 100째 번은 $100 \div 7 = 14 \cdots 2$

따라서 14마디 반복되고 2번 더 뛰었으므로 ⑦입니다.

[답] ⑦

 4 [풀이] 대각선의 수는 1, 3, 7, 13, …으로 증가하는 수가 2, 4, 6, …으로 늘어납니다. 따라서 8행 8열의 수는 $1+(2+4+6+8+10+12+14)=57$, 9행 9열의 수는 $57+16=73$입니다.

짝수행에서는 대각선의 왼쪽으로 수가 1씩 늘어납니다. 8행 3열의 수는 8행 8열에서 5칸 왼쪽으로 이동하면 62입니다.

홀수열에서는 대각선의 위쪽으로 수가 1씩 늘어납니다. 2행 9열의 수는 9행 9열에서 7칸 위쪽으로 이동하면 80입니다. 따라서 ㉠은 80, ㉡은 62입니다.

[답] ㉠ 80, ㉡ 62

P.108

[풀이] 모양의 규칙은 가장 가장자리 부분이 색칠되고 한 칸씩 번갈아 색칠되고 있습니다.

16째 번 모양의 가장자리 부분은 15×4, 그 안의 정사각형 모양은 한 변의 길이가 4칸씩 줄어들게 됩니다.

∴ $(15×4)+(11×4)+(7×4)+(3×4)=60+44+28+12=144$

[답] 144

[풀이] 각 줄의 합이 1, 1, 2, 3, 5, 8, …로 늘어나는 피보나치 수열입니다.

따라서 10째 번은 1, 1, 2, 3, 5, 8, 13, 21, 34, 55입니다.

[답] 55

P.109

[풀이] ㉮◎㉯=㉮×㉯+1, ㉮▲㉯=㉮×㉯−(㉮+㉯)

가◎2=가×2+1=13,　　　가=6

나▲3=(나×3)−(나+3)=13, 나×2−3=13, 나=8

[답] 가=6, 나=8

[풀이] 첫째 번 : 1+3=4

둘째 번 : 1+3+4=8

셋째 번 : 1+3+4+5=13

⋮

더한 수가 1씩 증가합니다.

따라서 10째 번에는 1+3+4+5+…+11+12=76

[답] 76개

5 도형의 측정

 1. 직사각형의 둘레 ·· P.112

P.112

Free FACTO

[풀이] 직사각형의 가로의 길이는 15cm이고 ㉮의 한변의 길이는
11 cm이므로, ㉯의 한변의 길이는 15−11=4(cm)입니다.
또, ㉰의 세로의 길이는 11−4=7(cm)이므로 ㉰의 둘레의 길이는
4+4+7+7=22(cm)입니다.
[답] 22cm

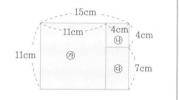

 [풀이]

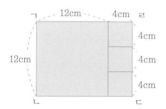

따라서 직사각형 ㄱㄴㄷㄹ의 둘레의 길이는 12+12+16+16=56(cm)입니다.
[답] 56cm

 [풀이] 가장 작은 정사각형의 한 변의 길이를 □라 하면 각 변의 길이는 다음과 같습니다.

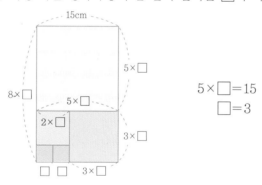

$$5 \times \square = 15$$
$$\square = 3$$

따라서 직사각형의 세로의 길이는 8×3=24(cm)입니다.
[답] 24cm

2. 붙여 만든 도형의 둘레

P.114

Free FACTO

[풀이] 이어 붙인 도형의 둘레의 길이는 한변의 길이가 15cm인 정사각형의 둘레의 길이와 같습니다. 따라서 둘레의 길이는 15×4=60(cm)입니다.
[답] 60cm

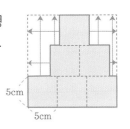

[풀이]

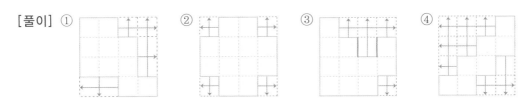

①, ②, ④는 들어간 변을 밖으로 밀어내면 4×4 정사각형이 되지만, ③은 새로운 변이 생기므로 4×4 정사각형의 둘레의 길이에 새로운 변의 길이가 더해집니다.
[답] ③

[풀이]

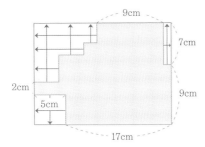

따라서 둘레의 길이는 (16+22)×2=76(cm)입니다.
[답] 76cm

3. 잔디밭의 넓이 ··· P.116

Free FACTO

[풀이]

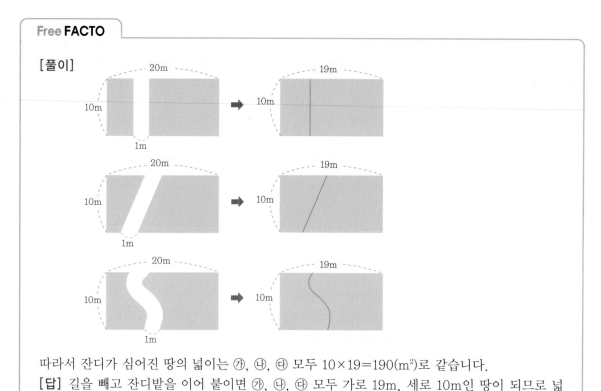

따라서 잔디가 심어진 땅의 넓이는 ㉮, ㉯, ㉰ 모두 $10 \times 19 = 190(\text{m}^2)$로 같습니다.

[답] 길을 빼고 잔디밭을 이어 붙이면 ㉮, ㉯, ㉰ 모두 가로 19m, 세로 10m인 땅이 되므로 넓이는 모두 같습니다.

예제 01

[풀이]

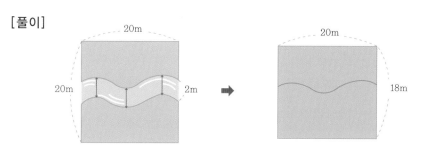

강을 제외하고 풀밭을 이어 붙이면 가로 20m, 세로 $20-2=18(\text{m})$인 직사각형 모양의 땅이 되므로 풀밭의 넓이는 $20 \times 18 = 360(\text{m}^2)$

[답] 360m^2

[풀이]

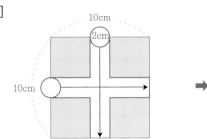

〈원이 지나가는 부분을 뺀 정사각형〉

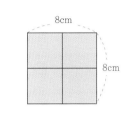

원이 지나가는 부분을 제외하고 정사각형을 이어 붙이면 가로 $10-2=8$(cm), 세로 $10-2=8$(cm)인 정사각형이 됩니다.

따라서 원이 지나가지 않는 부분의 넓이는 $8\times8=64$(cm²)입니다.

[답] 64cm²

Creative 팩토

P.118

[풀이]

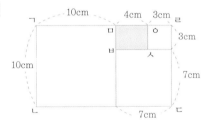

따라서 직사각형 ㅁㅂㅅㅇ의 둘레의 길이는 $(4+3)\times2=14$(cm)입니다.

[답] 14cm

[풀이]

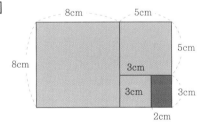

따라서 남은 종이의 둘레의 길이는 $(3+2)\times2=10$(cm)입니다.

[답] 10cm

····· P.119

[풀이]

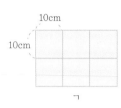 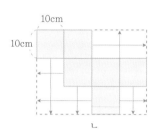 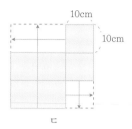

ㄱ : 10×10=100(cm)

ㄴ : 14×10=140(cm)

ㄷ : 12×10=120(cm)

따라서 둘레의 길이는 ㄴ, ㄷ, ㄱ 순으로 됩니다.

[답] ㄴ, ㄷ, ㄱ

[풀이]

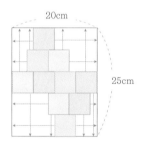

따라서 이 모양의 둘레의 길이는 (20+25)×2=90(cm)입니다.

[답] 90cm

····· P.120

[풀이]

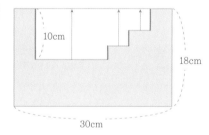

(도형의 둘레의 길이)=(직사각형의 둘레의 길이)+(남은 선분의 길이)이므로,

도형의 둘레의 길이는 (30+18)×2+10×2=116(cm)입니다.

[답] 116cm

6 [풀이]

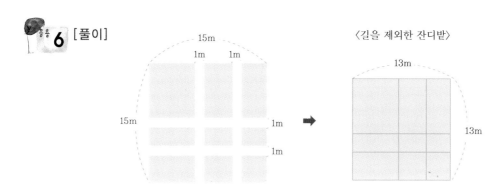

〈길을 제외한 잔디밭〉

길을 제외한 나머지 잔디밭을 이어 붙이면 한변의 길이가 15−2=13(m)인 정사각형 모양의 땅이므로 잔디가 심어진 땅의 넓이는 13×13=169(m²)입니다.
[답] 169m²

P.121

7 [풀이]

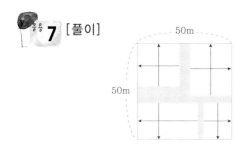

따라서, 칠해진 땅의 둘레의 길이가 정사각형의 둘레의 길이와 같아지므로, 둘레의 길이는 50×4=200(m)입니다.
[답] 200m

8 [풀이]

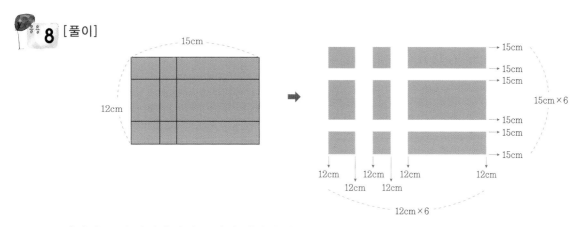

따라서, 9개 직사각형의 둘레의 길이의 합은 15×6+12×6=162(cm)입니다.
[답] 162cm

Free FACTO

[풀이] 삼각형 ㄱㄴㄷ을 그림과 같이 작은 삼각형으로 나누면 칠해진 부분은 세 개의 삼각형으로 나누어지므로 작은 삼각형 한 개의 넓이는 20입니다.

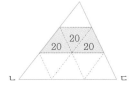

따라서 삼각형 ㄱㄴㄷ의 넓이는 20×9=180입니다.

[답] 180

[풀이] 사각형 ㄱㄴㄷㄹ을 작은 삼각형 16개로 나눕니다. 칠해진 정사각형의 넓이가 12이므로 작은 삼각형 1개의 넓이는 3입니다.

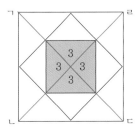

따라서 정사각형 ㄱㄴㄷㄹ의 넓이는 3×16=48입니다.

[답] 48

[풀이] 정육각형에 작은 정삼각형이 6개 들어가므로, 정삼각형 6개의 넓이의 합은 10입니다.

칠해지지 않은 부분은 정삼각형이 6개이므로 넓이가 10입니다.

[답] 10

5. 겹친 도형의 넓이
P.124

Free FACTO

[풀이] 칠해진 두 삼각형에서 각ㄱㄴㄷ=각ㄱㄹㅁ=90°입니다. 또, 각ㄴㄱㄷ+각ㄷㄱㄹ=각ㄷㄱㄹ+각ㄹㄱㅁ=90°이므로 각ㄴㄱ ㄷ=각ㄹㄱㅁ입니다. 그리고 선분 ㄱㄴ=선분ㄱㄹ이므로, 한 변과 양끝의 각이 같아서 합동입니다.

따라서 두 정사각형의 겹쳐진 부분의 넓이는 정사각형 1개 넓이의 $\frac{1}{4}$ 로 8÷4=2입니다.

[답] 2

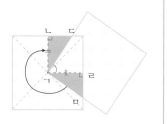

[풀이] 겹쳐진 부분의 넓이는 정사각형 넓이의 $\frac{1}{4}$이므로 정사각형의 넓이는 7×4=28입니다.

[답] 28

[풀이] 가+다=나+다

가=나

두 도형의 넓이가 같고 겹쳐진 부분의 넓이는 같기 때문에 나머지 부분의 넓이도 같습니다.

따라서 가와 나의 넓이의 차는 0입니다.

[답] 0

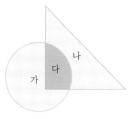

6. 넓이를 반으로 나누기
P.126

Free FACTO

[풀이] 직사각형의 중심을 지나게 선을 긋습니다.

이 외에도 여러 가지 방법이 있습니다.

[풀이] 마름모의 중심을 지나는 선은 항상 넓이를 이등분합니다.

이 외에도 여러 가지 방법이 있습니다.

 [풀이] 정사각형의 중심을 지나는 선은 정사각형의 넓이를 이등분하므로 두 정사각형의 중심을 모두 지나는 선을 긋습니다.

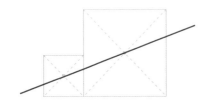

Creative 팩토
P.128

 [풀이] 삼각형 ㄱㄴㄷ을 삼각형 ㄹㅁㄷ 모양으로 나누면 9개로 나눌 수 있습니다.

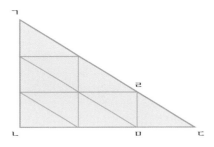

따라서 삼각형 ㄱㄴㄷ의 넓이는 $1 \times 9 = 9$입니다.
[답] 9

[풀이]

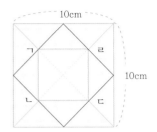

(1) 큰 정사각형을 작은 직각삼각형 16개로 나누면, 작은 직각삼각형 16개의 넓이가 100cm²
이므로 작은 직각삼각형 4개의 크기인 정사각형 ㄱㄴㄷㄹ의 넓이는 100÷4=25(cm²)입
니다.

(2) (전체 넓이)−(정사각형 ㄱㄴㄷㄹ의 넓이)을 하면, 칠해진 부분의 넓이는 100−25=
75(cm²)입니다.

[답] (1) 25cm²　(2) 75cm²

P.129

[풀이]

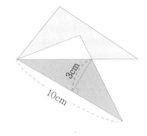

합동인 두 도형의 넓이가 같고, 겹치는 부분의 넓이도 같기 때문에 남은 부분의 넓이는 서
로 같습니다.

따라서 칠해진 부분의 넓이는 10×3÷2=15(cm²)입니다.

[답] 15cm²

[풀이]

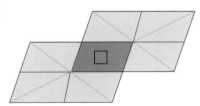

겹친 부분의 넓이를 □라 할 때, 이 도형의 넓이는 7×□입니다.

7×□=49(cm²)이므로 □=7(cm²)

따라서 평행사변형 하나의 넓이는 7×4=28(cm²)입니다.

[답] 28cm²

.... P.130

5 [풀이] 정사각형과 정삼각형의 넓이가 같으므로, 모두 $5 \times 5 = 25(cm^2)$입니다. 이 두 도형의 겹치지 않은 나머지부분의 넓이는 모두 $25 - 10 = 15(cm^2)$이므로, 나머지 부분의 넓이의 합은 $15 \times 2 = 30(cm^2)$입니다.

[답] $30cm^2$

6 [풀이] 작은 삼각형 6개의 넓이의 합이 $24cm^2$이므로
작은 삼각형 18개의 넓이의 합은 $24 \times 3 = 72(cm^2)$입니다.
따라서 작은 정육각형의 넓이는 $72(cm^2)$입니다.

[답] $72cm^2$

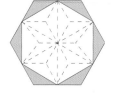

.... P.131

7 [풀이] (1) 도형을 직사각형 두개로 나누어 계산하면,
  $(10 \times 4) + (5 \times 4) = 60(cm^2)$

(2) $60 \div 2 = 30(cm^2)$
  전체 도형의 넓이가 $60cm^2$이고 이 넓이를 반으로 나누는 선에 의해 아래에 만들어진 직각삼각형의 넓이는 $60 \div 2 = 30(cm^2)$가 되어야 합니다.

(3) 삼각형의 높이를 $\square$cm라 하면
  $10 \times \square \div 2 = 30$
  $5 \times \square = 30$
  $\square = 6(cm)$

따라서, 삼각형의 밑변의 길이가 10cm이므로 높이를 6cm로 만드는 지점에 ㄱ에서 선분을 그으면 삼각형의 넓이가 $30cm^2$가 되어 도형의 넓이가 절반으로 나누어집니다.

[답] (1) $60cm^2$ (2) $30cm^2$ (3) 풀이 참조

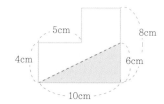

Thinking 팩토

P.106

[풀이]

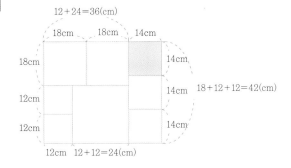

(1) $48 \div 4 = 12$(cm)입니다.

(2) $12 + 12 = 24$(cm)입니다.

(3) $(18 + 12 + 12) \div 3 = 14$(cm)입니다.

[답] (1) 12cm (2) 24cm (3) 14cm

P.133

[풀이]

(1)

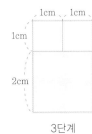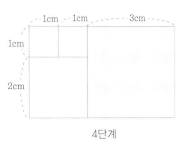

3단계 : $(2 + 3) \times 2 = 10$(cm)

4단계 : $(3 + 5) \times 2 = 16$(cm)

(2)

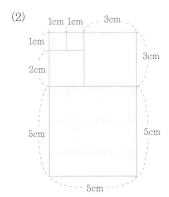

둘레의 길이는 $(5 + 8) \times 2 = 26$(cm)입니다.

(3)

단계	1	2	3	4	5
둘레의 길이	4	6	10	16	26

한 단계씩 늘어날 때마다 직사각형의 둘레의 길이는 이전 두 단계의 둘레의 길이를 합한 값이 됩니다.(피보나치 수열의 규칙)

따라서 6단계 직사각형의 둘레의 길이는 16+26=42(cm)입니다.

[답] (1) 3단계 : 10cm, 4단계 : 16cm (2) 26cm (3) 풀이 참조

············ P.134

[풀이] 삼각형 ㄱㄴㄷ의 넓이는 9×4=36이고, 삼각형 ㄱㄴㄷ을 크기가 같은 작은 삼각형 9개로 나누면 작은 삼각형 1개의 넓이는 36÷9=4입니다. 나는 작은 삼각형 4개이므로 넓이는 4×4=16 입니다.

[답] 16

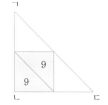
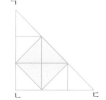

[풀이] 한 변의 길이가 8cm인 정사각형 1개의 넓이는 8×8=64(cm²)이므로 정사각형 8개의 넓이는 64×8=512(cm²)입니다.

정사각형 2개가 만나 겹쳐진 부분의 넓이는 정사각형 넓이의 $\frac{1}{4}$ 이므로 64÷4=16(cm²)입니다.

문제의 도형의 넓이는 (정사각형 8개의 넓이)−(7개의 겹쳐진 부분의 넓이)이므로,

512−16×7=400(cm²)입니다.

[답] 400cm²

············ P.135

[풀이] (1) 직사각형 ㄱㄴㄷㄹ의 넓이의 반이므로 70÷2=35입니다.

(2)

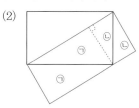

(3) 35×2=70

[답] (1) 35 (2) 풀이 참조 (3) 70

팩토는 자유롭게 자신감있게 창의적으로
생각하는 주·니·어·수·학·자입니다.

Free Active Creative Thinking O. Junior mathtian